RECHERCHES EXPÉRIMENTALES

SUR

LA TOISON DES MÉRINOS PRÉCOCES

ET SUR

LEUR VALEUR COMME PRODUCTEURS DE VIANDE.

EXTRAIT DES MÉMOIRES PUBLIÉS PAR LA SOCIÉTÉ CENTRALE D'AGRICULTURE
DE FRANCE. — 1875.

RECHERCHES EXPÉRIMENTALES

SUR LA

TOISON DES MÉRINOS PRÉCOCES

ET SUR LEUR VALEUR

COMME PRODUCTEURS DE VIANDE,

PAR

ANDRÉ SANSON,

Professeur de zoologie et zootechnie à l'École de Grignon.

MÉMOIRE COURONNÉ PAR LA SOCIÉTÉ CENTRALE D'AGRICULTURE DE FRANCE
(CONCOURS DU PRIX *Béhague*).

PARIS
IMPRIMERIE ET LIBRAIRIE D'AGRICULTURE ET D'HORTICULTURE
DE Mme Ve BOUCHARD-HUZARD,
RUE DE L'ÉPERON, 5.

1875

RECHERCHES EXPÉRIMENTALES

SUR LA

TOISON DES MÉRINOS PRÉCOCES

ET SUR

LEUR VALEUR COMME PRODUCTEURS DE VIANDE.

I. — La laine et la viande.

Depuis bien des années il se poursuit en Europe, entre les économistes qui s'occupent plus particulièrement des intérêts agricoles, une controverse sur la question de savoir s'il y a lieu, dans l'exploitation des bêtes ovines, de donner à la production de la viande la préférence sur celle de la laine. Cette question est résolue par eux, tantôt dans un sens, tantôt dans l'autre, et l'incertitude subsiste. Récemment encore, à l'occasion de l'Exposition universelle de Vienne, elle a été agitée dans *Neue freie Press* avec une abondance de documents qu'on n'était pas habitué à rencontrer en lisant les articles consacrés aux expositions industrielles par les feuilles quotidiennes.

L'auteur du travail publié par le journal viennois est l'économiste Laspayres. Ce travail ayant été bien analysé et discuté dans les livraisons de novembre et décembre **1873** de *Neue landwirthschaftliche Zeitung*, de Fühling, le plus simple est de traduire ici, presque textuellement, la gazette allemande. La question que nous nous proposons d'examiner dans le présent mémoire y est posée aussi complétement que possible. Nos recherches ont eu pour résultat d'en fournir une solution, à laquelle les considérations économiques toutes seules ne pouvaient pas conduire.

La dépréciation qu'a subie la production européenne de la laine ne dépend point précisément, dit Laspayres, surtout de ce que cette production aurait rétrogradé au point de vue technique, mais bien de ce que l'ensemble des circonstances économiques a tourné à la défaveur de l'Europe. Celle-ci ne peut plus soutenir la concurrence des pays de la mer du Sud, de l'Australie et d'autres îles de cette mer, non plus que de quelques parties du sud de l'Afrique, de l'Amérique et de l'Asie. L'obstination des producteurs européens dans la lutte sans espérance où ils sont engagés tient à leur ignorance des faits, que des statistiques aussi imparfaites que le sont celles concernant les choses agricoles ne leur ont pas suffisamment révélés. Une des plus récentes, parmi ces statistiques, en ce qui concerne le sujet dont il s'agit ici, est celle de Hamilton, publiée dans le *Journal de la Société de statistique de Londres*. On en peut extraire les renseignements suivants :

Situation de la production de la laine en 1866 dans les principaux pays du monde.

PAYS.	Millions de moutons.	Millions de livres de laine produite.	Valeur de la laine en mille livres sterling.
Grande-Bretagne	34.1	160.0	7.998
Australie	37.4	152.2	11.356
Tasmanie	1.7	6.1	474
Nouvelle-Zélande	8.4	28.8	1.564
Cap de Bonne-Espérance	10.0	38.0	2.533
Russie	45.3	90.8	3.777
Suède	1.6	6.1	228
Norwége	1.7	6.4	225
Danemark	1.9	7.0	322
Allemagne	25.3	52.1	4.330
Hollande	1.0	6.2	231
A reporter	168.4	553.7	33.038

Report..............	168.4	553.7	33.038
Belgique....................	0.6	3.5	131
France......................	30.4	91.2	3.408
Espagne....................	32.1	74.4	6.202
Italie........................	11.0	24.8	1.035
Autriche....................	16.6	31.1	2.331
Suisse......................	0.4	1.3	50
Grèce.......................	2.5	7.6	222
États-Unis d'Amérique.....	32.8	177.0	14.105
Totaux............	294.8	964.6	60.522

Des nombres ainsi posés, si l'on pouvait, avec certitude, compter sur leur exactitude, il serait facile de tirer d'importantes conclusions; mais, malheureusement, il faut se contenter d'approximations. Toutefois, il est permis d'en déduire des relations qui donnent une idée de la manière dont la production de la laine, dans le Nouveau-Monde, est venue modifier si profondément les conditions du marché européen. Ces relations s'expriment ainsi qu'il suit :

Rendement et prix de la laine des principaux pays du monde en 1866.

PAYS.	Livres de laine par mouton.	Prix par 100 livres en livres sterling.	Livres sterling de produit par mouton
Grande-Bretagne......	4.7	5.0	0.23
Australie............	4.1	7 5	0.30
Tasmanie............	3.5	7.7	0.27
Nouvelle-Zélande......	3.4	5.4	0.19
Cap de Bonne-Espér..	3.8	6.7	0.25
Russie................	2.0	4 2	0.08
Suède................	3.7	3.8	0.14
Norwége..............	3.7	3.5	0.13
Danemark.............	3.7	4.6	0.17
Allemagne............	2.1	8.3	0.17
Hollande.........	6.0	3.7	0.23
Belgique.............	6.0	3.7	0.22
France.	3.0	3.7	0.11
Espagne.............	3.5	8.3	0.28
Italie................	2.2	4.2	0.09
Autriche.............	1.9	7.5	0.14
Suisse...............	3.0	3.7	0.11
Grèce...............	3.0	2.9	0.09
États-Unis d'Amérique.	5.4	8.0	0.43
Moyennes.....	3.5	6.3	0.21

Bien que ces données doivent être fortement soupçonnées d'inexactitude, ainsi qu'on l'a déjà dit, on n'en a pas moins à remarquer, en outre, que le produit brut par mouton, fût-il exact, laisserait subsister la question des dépenses à faire pour l'obtenir. Ces dépenses sont, évidemment, moindres dans le Nouveau-Monde que dans l'ancien, et, en conséquence, la différence dans le produit net par mouton serait encore beaucoup plus grande en faveur du nouveau. Quelle que soit la valeur des nombres, ils montrent, en tout cas, jusqu'à quel point la production de la laine est avantageuse dans les pays d'outre-mer, comparée à celle de notre continent, pour les sortes diverses prises en bloc.

Pour les dix dernières années, les documents analogues à ceux fournis par Hamilton font défaut. On y peut suppléer, dans une certaine mesure, à l'aide de la statistique du commerce des laines en Angleterre, dressée pour sept périodes complètes de dix ans et pour dix-sept pays.

Importations moyennes annuelles des laines en Angleterre, en millions de livres.

PÉRIODES.	PROVENANCES.					IMPORTATION TOTALE.	EUROPE ENTIÈRE.
	AUSTRALIE et mers du Sud.	ESPAGNE.	ALLEMAGNE.	RUSSIE.	AUTRES PAYS d'Europe.		
1801-1810........	»	5.7	0.3	»	1.2	7.5	7.2
1811-1820........	0.1	4.9	3.6	0.3	3.1	12.3	11.9
1821-1830........	0.8	4.5	17.4	0.5	1.6	25.1	21.0
1831-1840........	5.6	2.4	24.3	3.7	5.6	45.9	36.0
1841-1850........	23.7	0.6	15.0	4.6	5.5	63.7	25.7
1851-1860........	48.4	0.2	9.8	6.4	14.4	113.8	30.8
1861-1870........	116.2	0.4	7.1	12.4	12.3	313.5	32.2

Ce tableau montre très-clairement que l'Angleterre a accaparé à son profit le marché des laines du monde entier, Il faut remarquer aussi que l'importation des laines australiennes y est presque égale à l'exportation totale de l'Australie. Voici, en effet, depuis **1856**, la part qui revient à l'Angleterre dans cette exportation :

1856...	91 pour 100	1861...	88 pour 100	1866...	84 pour 100
1857...	93 —	1862...	84 —	1867...	84 —
1858...	98 —	1863...	77 —	1868...	82 —
1859...	88 —	1864...	86 —	1869...	86 —
1860...	94 —	1865...	85 —	1870...	99 —

Quand on compare, d'après les aperçus précédents, l'Europe entière avec les pays de la mer du Sud, on constate l'énorme accroissement des importations de provenance australienne en Angleterre, tandis que les importations d'Europe atteignent, dans les trente dernières années, leur plus haut point, puis s'abaissent et ne s'élèvent ensuite que fort peu. Seulement, on doit aussi distinguer, en Europe, les pays qui, au commencement du siècle, exportaient leurs laines presque exclusivement vers l'Angleterre, tels que l'Espagne et l'Allemagne, et qui ont restreint leurs exportations, tandis que la Russie et d'autres pays de l'Orient ont vu croître les leurs. Du reste, l'Australie ne fait pas seule une concurrence dangereuse au continent européen. Dans les dix dernières années, les laines du Cap ont atteint un nombre presque aussi élevé que celui des européennes, le contingent des Indes orientales est de la moitié, et celui des États de la Plata, du tiers de celui de l'Europe.

Qu'une telle concurrence ait dû avoir, depuis trente ans, une influence importante sur les prix, cela se comprend de soi. Pour l'Allemagne, en particulier, on en a une manifestation nette en relevant les prix des laines sur le marché de Breslau. D'après le travail de Janke, les prix, dans les années suivantes, y étaient par quintal, en thalers (1).

(1) Le thaler = 3 fr. 75 environ ; le quintal (*zentner*) = 100 livres de 167 gramm.

	EXTRA FINE.	FINE.	MOYENNE.	ORDINAIRE.
1836-1837.....	129	95	72	58
1861-1870.....	103	90	79	62
Différences..	— 20 p. 100	— 5 p. 100	+ 10 p. 100	+ 7 p. 100

On voit, par là, que les sortes les plus fines de laine sont celles qui paraissent avoir été le plus influencées par la concurrence australienne, dans les trente dernières années; il y a eu, au contraire, une petite hausse sur les laines de moyenne finesse et ordinaires ; mais en Allemagne surtout, où les producteurs de laine fine dominent de beaucoup, la compensation ne peut pas s'établir par ce fait. La production de la laine, en général, a donc cessé d'y être rémunératrice. Cela ressort clairement des mouvements des prix de la laine, comparés à ceux des principaux matériaux de production et à l'élévation énorme des prix des autres produits animaux, et notamment de la viande. En voici le tableau, établi en prenant pour base une réduction à 100 de la moyenne des prix de 1816 à 1865, et en donnant, pour chaque matière, les prix proportionnels :

Prix de la laine, du foin et de la viande à Breslau, de 1816 à 1865.

	FOIN.	LAINE			VIANDE	
		EXTRA.	FINE.	ORDINAIRE.	PORC.	BŒUF.
1816-1820...	128	113	96	90	92	100
1821-1825...	90	115	97	83	78	84
1826-1830...	75	100	94	66	76	79
1831-1835...	83	104	107	117	83	89
1836-1840...	75	101	104	109	83	85
1841-1845...	109	92	86	72	90	92
1846-1850...	94	92	98	105	108	99
1851-1855...	102	103	108	105	122	106
1856-1860...	128	94	110	124	136	130
1861-1865...	120	86	100	107	133	134

Les résultats d'une telle comparaison suffisent largement à Laspayres pour se croire autorisé à conclure que l'abandon de la production de la laine et l'emploi des matières premières, devenues ainsi disponibles, à la production de la viande, sont impérieusement commandés par les circonstances économiques. Il gourmande vertement à cet égard les intéressés, qui ne se montrent pas assez disposés, à son gré, à se rendre devant une telle évidence. Les éleveurs de moutons de l'Allemagne, dit-il, ne veulent pas croire que leur étoile est en décadence, et ils espèrent toujours la voir encore briller d'un nouvel éclat. Ainsi, leur espoir se continue d'année en année, mais ils attendent en vain. Du reste, sa conclusion ne lui est point personnelle. Elle est, pour bien dire, celle de tous les économistes purs de l'Europe qui se sont occupés de la question. Et cela tient simplement à ce qu'ils négligent de faire entrer, dans le problème qu'ils examinent, des données qui sont, en réalité, étrangères à leurs études habituelles; à ce qu'ils raisonnent sur la production des denrées animales comme ils raisonneraient sur celle d'une marchandise quelconque, fabriquée à l'aide d'une machine de l'industrie manufacturière, sans prendre garde que les machines vivantes de l'industrie agricole ont, ainsi que je l'ai fait remarquer le premier, à ma connaissance (1), un caractère économique particulier.

En se plaçant au point de vue spécialement allemand, l'auteur de l'article de *Neue landw. Zeitung* discute les conclusions de l'économiste Laspayres. Des vues de cette espèce ne peuvent pas, dit-il, nous étonner, venant d'une telle source, quand des agriculteurs même, non pas des autorités, mais cependant des personnes qui ne laissent point d'exercer une certaine influence sur la marche des idées en agricure, les partagent. La production de la viande à la place de celle de la laine a été souvent préconisée (2). Cependant, les éleveurs de moutons n'entendent que peu raison là-dessus, en général. Introduire l'élevage des bêtes bovines ou celui des moutons à viande à la place de l'élevage des bêtes à laine, c'est un conseil qui leur a été souvent donné, et, encore bien même qu'ils soient convaincus de la décroissance de leur étoile, ils s'obstinent à ne le point suivre. Il doit y avoir à cela d'autres raisons que celle de l'entêtement.

La plaine allemande du nord, dit l'auteur, a malheureusement été traitée par la nature en marâtre, sous le rapport du climat et du sol. Grandes y sont les surfaces sablonneuses, que seule la persévérance de leurs habitants a pu porter jusqu'à une exploitation rémunératrice. Les bêtes à

(1) Voy. A. Sanson, *Traité de zootechnie*, t. I, 2e édit., p. 12 et suiv.

(2) Et non pas seulement en Allemagne; il en a été ainsi chez nous, en France, notamment en 1870, à l'occasion de la grande discussion sur nos traités de commerce.

laine ont en cela joué un rôle important. Là, le sol est physiquement pauvre, parce que le climat ne compense pas, comme en beaucoup d'autres pays, ses propriétés défavorables ; il est chimiquement pauvre aussi, parce que les éléments nutritifs des végétaux qu'il contient sont difficilement solubles. Peu de denrées de vente y peuvent prospérer, et parmi elles le Seigle et la Pomme de terre tiennent les premières places ; les faibles rendements qu'on en obtient ne sont rendus possibles que par de fortes fumures avec des engrais animaux, avec du fumier. Par l'intervention de celui-ci, les propriétés physiques du sol sont rendues plus favorables et les éléments nutritifs minéraux conduits à une plus facile solubilité. L'amélioration de ce sol ne peut être obtenue que par l'accumulation d'une certaine quantité de matière organique végétale. L'abandon à l'état de pâturage durant un temps variable joue en cela un rôle principal. Les graminées et autres plantes abandonnent au sol, par leurs racines, des quantités importantes de cette matière organique nécessaire à la fertilité ; durant leur vie, elles dissolvent aussi les éléments nutritifs inattaqués, tandis que leur nutrition est, en outre, enrichie par les déjections des animaux qui les paissent et par l'addition du fumier obtenu avec les pailles des récoltes de céréales, avec les plantes fourragères cultivées et avec les résidus de Pomme de terre. Un agent essentiel d'amélioration pour les sols les plus légers de cette espèce est le Lupin, qui n'est pas seulement utile en les consolidant et en les enrichissant, mais encore en fournissant de la nourriture pour les moutons, notamment en hiver. Sans la jachère verte et le pâturage, l'exploitation de ces sols, du moins une exploitation rémunératrice, ne serait, quant à présent, pas à espérer, à très-peu d'exceptions près. Par là, ce mode d'exploitation est donc imposé.

Les bêtes bovines ne peuvent pas être ici utilisées comme animaux de pâturage. Sur ce sujet, qui ne peut pas, du reste, être litigieux, Hoppe s'est déjà exprimé de la manière suivante (*Moegl. Annalen*, Band. 19) : « Des bêtes bovines exploitées pour le lait, pour l'élevage ou pour l'engraissement ne sauraient être établies utilement ailleurs que sur les fonds où les Trèfles et les graminées fourragères deviennent, sous l'influence de conditions météorologiques favorables, assez hauts pour être fauchés. Ce n'est pas à dire que ces bêtes exigent nécessairement des herbes vigoureuses pour leur nourriture; mais, lorsqu'il n'en est pas ainsi, elles souffrent infailliblement de la disette au pâturage, lorsque se manifeste une sécheresse de quelques jours. En ce cas, est-ce là une alimentation avantageuse pour des bêtes bovines? Un troupeau de vaches laitières donne un mauvais produit quand il est entretenu sur des pâturages de cette sorte. Mais là n'est pas encore le seul inconvénient qui résulte de l'entretien des bêtes bovines sur des terres pauvres. Ces terres produisent des herbes vigoureuses tant qu'elles sont pénétrées par l'humidité atmosphérique, en mai et en juin. Dans les années ordinaires, les herbes ne repoussent point après les chaleurs inévitables et les sécheresses de juin et de juillet. En août et septembre, les chaumes de graminées sont les seuls aliments qui puissent prolonger la vie des bêtes bovines. Avec octobre arrive la nécessité pressante de commencer la nourriture d'hiver. Très-vraie est dans ce cas la proposition absolue de Thunen, que les bêtes bovines ne donnent point de bénéfices. Tout autre se présente le compte à faire, quand les sols maigres et secs sont exploités avec des moutons, qui sont indiqués par la nature, comme le Seigle, le Sarrasin et l'Avoine. »

Ainsi en est-il aujourd'hui encore, poursuit l'auteur, à plus forte raison depuis que la jachère est devenue plus utile par l'introduction de nouvelles plantes fourragères. En outre, il y a aussi un autre point à prendre en considération, c'est celui du parcage qui peut être effectué sans difficulté seulement par les moutons. Le parcage épargne le transport de l'engrais, ce qui, notamment pour les champs éloignés, n'est pas sans importance, les terres pauvres ne pouvant pas supporter, pour leur culture, des frais très-élevés.

Mais, parmi les moutons, les bêtes à laine peuvent seules ici intervenir. Des moutons spécialisés pour la viande exigent, comme les bêtes bovines, constamment un riche et abondant pâturage, ainsi que peu d'espace à parcourir pour terminer leur repas. Les longues marches, les retours pour parquer, les fortes chaleurs de l'été et les froids du printemps et de l'automne ne sont point des conditions que l'on doive rechercher pour les bêtes à viande.

« Si nous avons à décider, remarque Guradze Hotlischowitz (dans *Landwirth*), sur la question de préférence entre les moutons à viande et les moutons à laine, ou sur celle de la direction d'élevage la plus convenable pour des terres et des conditions économiques déterminées, nous devons, avant tout, rapprocher les deux genres d'alimentation et de reproduction exigés. L'aptitude au développement rapide, la grande précocité, est l'apanage caractéristique du southdown ; à cela correspond déjà, ainsi qu'il est facile de le comprendre, qu'une alimentation constamment régulière et abondante autant que nutritive est indispensable pendant la jeunesse. S'il est bien soigné, surtout durant l'allaitement, il utilise très-bien les aliments et les paye avec usure. Dès sa première année, il peut être engraissé et abattu; à dix-huit mois, il est apte à se reproduire. Ce sont là des considérations qui, comme facteurs économiques, témoignent hautement en sa faveur. Mais malheur à lui, si l'élevage est entrepris dans une situation qui ne corresponde point à de telles exigences. Supposez que des southdowns doivent être entretenus sur des fonds légers, avec une alimentation incertaine, avec des pâtures éloignées; qu'ils soient dirigés comme nos mérinos, qu'ils aient à gratter ensemble leur nourriture péniblement sur des pâtures maigres et éloignées, dans un été analogue à celui de 1868, durant une longue période de sécheresse, le Lupin n'étant pas encore mûr ou faisant défaut, et les provisions d'hiver étant épuisées, que doivent alors devenir les moutons jeunes, précoces, à croissance rapide? Ils meurent ou restent au moins sans valeur, et, quand ils sont plus avancés en âge, ils ont perdu leur aptitude à l'engraissement. Peut-être est-ce là pousser les choses à l'extrême; mais il n'en est pas moins vrai que l'aptitude du southdown est due à un état de culture et de fertilité avancé du sol, à une alimentation et à un mode d'entretien qui ne peuvent être réalisés dans toutes les situations économiques. Lors donc que nous disons que l'élevage du southdown n'est approprié et ne sera lucratif que sur des sols et dans des conditions économiques assurant des pâturages en été, des aliments riches, fortement nutritifs en hiver, comme des tourteaux oléagineux, des sons, du bon foin, des fourrages hachés, des résidus de fabrique, nous désignons ainsi toutes les circonstances de la culture intensive d'un sol propre à produire le Trèfle, actif et riche en humus, et par là sont exclus les sols sablonneux, siliceux, marécageux, froids, inactifs, avec leurs diverses variétés, qui interdisent plus ou moins la culture intensive. Si nous avons toutefois à exploiter un sol léger, incertain pour le pâturage et l'alimentation, donnant de faibles rendements de foin, des récoltes douteuses de Trèfle, plutôt consacré à la culture des céréales et fournissant ainsi de grandes quantités de pailles à utiliser ou d'aliments volumineux, il importera encore de laisser de côté les troupeaux qui vivent à la bergerie, et alors ni le southdown pur ni le métis southdown ne peuvent convenir. C'est le mérinos qui est le meilleur de tous les moutons, parce que seul il est exactement approprié aux conditions qui viennent d'être indiquées. »

Lehmann Nitsche (dans *landw. Ztg. f. d. Grossherzogthum Posen*) s'exprime de la même manière, aussi bien à l'égard de l'élevage du mouton à laine qu'à celui de l'élevage du mouton à viande, qu'il exploite tous les deux sur sa propriété. Voici quelques-unes de ses observations : « Il est impraticable, dit-il, d'entretenir et d'élever, dans toute l'Allemagne, des moutons à viande : impraticable dans nos plaines du nord, parce que celles-ci, dans leur plus grande étendue, ont un sol sablonneux peu propre à se couvrir d'herbes, parce que les pâturages sur ces sols sont, pour ce motif, insuffisamment riches pour les moutons à viande, tandis qu'ils se prêtent très-bien à nourrir le mouton mérinos. Celui qui a visité l'Angleterre et ses exploitations sera d'accord avec moi que les moutons anglais sont pourvus là d'un pâturage si plantureux et si nutritif, que chez nous il en peut être assuré de tel aux bêtes bovines seulement, sur peu de propriétés particulièrement favorisées de la nature ou cultivées à un très-haut degré. Les moutons anglais importés chez nous ne peuvent, d'après cela, y être bien nourris que par un entretien constant à la bergerie, et les métis issus de nos races locales accoutumées à une maigre pitance doivent nécessairement décliner quand ils ne reçoivent que la nourriture avec laquelle nos mérinos s'entretiennent encore dans un état d'exploitation satisfaisant. J'avertis donc sérieusement les agriculteurs qui ne peuvent pas pousser très-fortement à la culture des plantes fourragères, parce qu'ils en sont empêchés par la légèreté du sol ou par les autres conditions économiques, de se conformer à la proposition de M. le conseiller privé Settegast, et je leur recommande de faire utiliser, après comme avant, leurs pâturages par les moutons mérinos, ceux-ci, je le répète, pouvant se suffire avec une maigre pitance, tandis que les moutons à viande ont besoin d'une bonne et abondante nourriture. »

La prospérité de l'Allemagne du Nord et l'état florissant de son industrie ont été amenés, pour une grande partie, par l'exploitation lucrative de son maigre sol, qui est due essentiellement à l'élevage des bêtes à laine, auquel s'est jointe la culture de la Pomme de terre, ainsi que la transformation de celle-ci en alcool. On comprend facilement, par là, que la baisse du prix de la laine, qui rend l'élevage des moutons moins rémunérateur, ait agi profondément sur l'exploitation agricole. Cela deviendra d'autant plus compréhensible que ce prix baissera davantage. On croit, à la vérité, qu'une baisse plus prononcée n'est pas à craindre, parce que les laines coloniales ont atteint le maximum de leur production et que la consommation, comme dans les dix dernières années, ira encore s'élevant durant longtemps. En ce qui concerne ce dernier point, nous ne pouvons pas, dit l'auteur, nous abandonner à cet espoir fondé sur la supposition d'une élévation future de la prospérité, sur laquelle nous n'avons aucune donnée solide ; nous croyons plutôt à une rétrogradation qu'à un progrès. A l'égard du premier point, l'Australie a peut-être atteint déjà son maximum ; mais, d'un autre côté, la production de la laine dans l'Amérique méridionale et au Cap est encore, en tout cas, susceptible d'une extension importante ; et la Russie, qui, aujourd'hui, produit environ un million de quintaux métriques, pèsera, dans un temps qui n'est pas éloigné, sur la production allemande, avec des quantités considérablement plus grandes. Nous ne croyons par conséquent pas qu'il y ait à compter dans l'avenir sur une amélioration durable du prix de la laine.

Quant à la viande, ses hauts prix resteront-ils stationnaires, ou bien s'élèveront-ils encore davantage, ainsi que cela a été bien des fois prétendu ? Que l'espoir d'une hausse plus grande ne puisse guère être fondé, c'est ce qui a été déjà soutenu il n'y a pas longtemps, et nous croyons devoir y adhérer d'autant plus, ajoute l'auteur, que nous ne pouvons pas admettre la perspective d'un progrès ultérieur de la prospérité publique. L'importation des viandes fumées de l'Amérique du Nord est déjà très-considérable, et l'on s'applique à trouver, dans l'Amérique méridionale, des méthodes de conservation qui rendront possible le transport des viandes en Europe ; ceci joint à la Russie, qui attend seulement que ses chemins de fer soient terminés pour pouvoir transporter, de l'intérieur à ses frontières et à ses ports, de la viande et du bétail, agira aussi pour paralyser la production de la viande allemande.

Tant que les plaines de l'Allemagne du Nord seront obligées de consacrer leur sol maigre à l'élevage des bêtes à laine, les prix ne pourront que baisser de plus en plus. Le conseil de produire de la viande au lieu de laine ne peut être guère utilisé là par les cultivateurs en ces termes vagues et généraux. Il faudrait qu'avec ce conseil on donnât aussi en même temps le procédé pour exploiter d'une manière correspondante les terres maigres de l'Allemagne du Nord.

Sur le champ de discussion où il s'est placé, l'auteur de l'article de la *Nouvelle Gazette agricole* allemande est évidemment irréfutable. Dans les plaines légères de l'Allemagne du Nord, comme dans notre région du Sud-Est et comme dans plusieurs autres régions de la France, le mérinos est imposé par les conditions de sol et de climat à quiconque veut tirer le meilleur parti de la production fourragère de ces régions. Mais la grave question qui s'agite à son sujet est-elle ainsi bien posée ?

En résumé, les économistes purs, ne visant que la situation du commerce de la laine et celle du commerce de la viande, condamnent le mérinos, parce qu'ils le considèrent comme exclusivement producteur de laine. Les agriculteurs éclairés se bornent à s'y résigner, comme ne pouvant pas être remplacé avantageusement, dans les conditions où il vit et prospère, par des moutons exclusivement producteurs de viande. Dans les deux cas on admet un antagonisme nécessaire entre la production de la laine et celle de la viande, et l'on paraît ne pas comprendre qu'il soit possible de demander à l'exploitation des troupeaux autre chose que l'une quelconque des deux sources de revenu dont les moutons, considérés en général, sont susceptibles. Laine ou viande, il faut choisir.

Ainsi que je l'ai déjà établi bien des fois, ce n'est cependant pas un tel dilemme qui est posé à l'économie rurale par l'exploitation des moutons. Quand on fait entrer dans le problème zootechnique dont il s'agit ici toutes les données qu'il comporte, — ce que ne font ordinairement ni les économistes, ni les agriculteurs qui le discutent, — en aucun cas la laine ne doit et ne peut être considérée, ni comme le produit exclusif, ni même comme le produit principal des troupeaux. Tout mouton, pour être bien exploité selon les enseignements de la science zootechnique, doit d'abord être envisagé comme producteur de viande. Il en produit plus ou moins, selon son aptitude et selon les conditions dans lesquelles il est nourri ; mais, à moins que le débouché de la viande fasse complétement défaut, comme c'est le cas pour les troupeaux de mérinos des immenses pâturages d'outre-mer, sa première fonction est de transformer en matières animales comestibles pour l'homme les matières végétales qu'il consomme ; leur transformation en laine vient après, comme un accessoire très-important, mais comme un accessoire dont le produit net est d'autant plus élevé que la première fonction économique a été mieux accomplie.

Au commencement de l'année 1870, le sujet fut discuté dans une des séances de la deuxième section de la Société des agriculteurs de France réunie en session annuelle. Je demande la permission de reproduire ici la partie du procès-verbal de cette séance qui le concerne. En voici les termes :

« M. de Monicault désirerait préciser la question posée par M. le marquis de Virieu, afin que, s'il y était répondu, les possesseurs de troupeaux du Sud-Est, qui sont dans une grande détresse en présence du bas prix auquel sont tombées les laines qu'ils produisent, trouvassent dans les travaux de la section spéciale de la Société des agriculteurs de France un remède à leur situation. Dans les circonstances présentes, que doivent-ils faire? Doivent-ils conserver leurs troupeaux de mérinos, qui ne leur produisent rien, ou faut-il qu'ils y renoncent ? Telle est la question que M. de Monicault voudrait voir résoudre.

« M. Sanson demande à répondre à cette question parfaitement posée, très-pratique, et qu'il reconnaît être d'un très-grand intérêt pour l'agriculture de la région dont il s'agit. Il y répondra d'autant plus volontiers que cela lui fournira l'occasion d'expliquer un terme dont il s'est servi hier en parlant des mérinos français en général, et qui ne lui a pas paru avoir été bien compris. Lorsque M. de Monicault nous interrogeait tout à l'heure sur le point de savoir si les mérinos de la Provence et des localités voisines peuvent être conservés, j'ai entendu, dit-il, des interrupteurs répondre : Non. Eh bien ! moi, je n'hésite pas à répondre : Oui, et je vais dire pourquoi.

« Il y a d'abord une raison qui dispenserait au besoin de toutes les autres : c'est qu'il n'est pas possible de faire autrement. Quand on agite ces sujets, en ne tenant aucun compte des nécessités de l'économie rurale, on peut bien se donner carrière et ne voir que le résultat absolu que l'on se propose d'obtenir ; mais il convient cependant de ne point oublier que les animaux ne se font pas seulement par l'accouplement d'un père et d'une mère, et que la première de toutes les considérations en cette affaire est celle de la nourriture dont ils pourront disposer. Le choix des races, et même celui des variétés dans ces races, n'est pas, en économie rurale, laissé aux préférences plus ou moins capricieuses de l'éleveur, il est imposé par l'aptitude fourragère de l'exploitation. En dehors de là, il n'y a point de profit à attendre, et, par conséquent, point d'entreprise zootechnique qui mérite d'être approuvée. Essayez donc d'élever, par exemple, dans la plaine de la Crau, dont il s'agit en ce moment, des moutons précoces, même des southdowns, les moins exigeants de tous ! Ils y mourraient d'inanition. Ce qui fait que le mouton, considéré en général, est un animal si précieux, c'est que, précisément, il est le seul à pouvoir tirer un utile parti d'herbes qu'aucun autre ne peut consommer. C'est ce qui arrive dans toutes les vastes étendues de pâturages peuplées des mérinos dont la concurrence émeut à un si haut degré nos producteurs français, dans la Hongrie et la Russie méridionale, dont nous parlait hier M. de Tourdonnet.

« Ce sont précisément les éleveurs auxquels s'intéresse M. de Monicault, qui se trouvent le plus directement en présence de cette concurrence, et qui, en même temps, sont dans les conditions les moins bonnes pour l'éluder ou pour y parer. C'est à eux queje faisais allusion hier, lorsque je parlais d'une solution pratique immédiatement réalisable, à proposer à ceux qui ne peuvent point attendre jusqu'à ce que la précocité soit établie dans leurs troupeaux, ou qui sont dans des conditions telles qu'il ne leur sera peut-être jamais donné d'y atteindre. A ceux-là, ne leur reste-t-il plus qu'à se résigner et à pleurer sur leur détresse? Faire des moutons précoces, ils ne le peuvent pas. Lutter contre la concurrence des laines étrangères, pas davantage, s'ils continuent d'exploiter, comme ils le font, les seuls moutons qu'il leur soit possible de nourrir, c'est-à-dire des moutons dont la sobriété s'accommode des conditions hygiéniques dans lesquelles ils doivent vivre. Voilà quelle est la difficulté qu'il s'agit de vaincre.

« Cette difficulté, il n'est pas seulement possible de la vaincre; j'ajoute, dit M. Sanson, que cela est on ne peut plus facile. Il y a, dans l'exploitation des bêtes à laine en général, et dans celle des mérinos dont nous nous occupons en particulier, un vice radical. Je ne connais pas de moutons qui ne soient à la fois producteurs de viande et producteurs de laine. Tous vont, finalement, à l'abattoir. Seulement, les uns sont exploités principalement en vue de la laine, les autres en vue de la viande. C'est là qu'est le tort. En toute circonstance, et quelles que soient ses aptitudes diverses, le mouton sera toujours d'autant plus lucratif qu'il sera considéré, avant tout, comme une machine à fabriquer et à produire de la viande. Il en produira ce qu'il pourra, selon son aptitude individuelle ou l'aptitude de sa race; mais, quelle qu'en soit la quantité, il est clair que sa valeur sur le marché s'ajoutera à celle des toisons.

« Eh bien! le tort des éleveurs du Sud-Est, c'est de méconnaître cette vérité économique. Ils considèrent que leurs troupeaux ne peuvent leur donner que de la laine, et ils conservent leurs bêtes jusqu'à l'âge avancé où, n'ayant plus qu'une très-minime valeur marchande, elles doivent être réformées. Chaque kilogramme de laine qu'elles donnent est donc ainsi grevé de la valeur des rations d'entretien consommées durant une longue existence, pour sa quote-part annuelle. C'est là ce qu'il faut faire disparaître du compte des troupeaux, en le remplaçant par un bénéfice annuel tiré de la vente des animaux après la tonte. On y arrivera en liquidant, chaque année, le compte des animaux arrivés à leur plus haute valeur commerciale, et en les remplaçant par un nombre égal d'agneaux de l'année, si l'on est soi-même éleveur, ou en achetant à un moindre prix des animaux moins âgés que ceux qu'on aura vendus. De cette façon, avec le même effectif du troupeau et avec la même nourriture consommée, on aura produit tout à la fois de la viande pour la consommation, qui est actuellement obligée d'en demander à l'étranger, et une plus forte quantité de laine; car les moutons les plus jeunes sont ceux qui en donnent relativement le plus, en même temps qu'elle est meilleure. Il y aura donc économie de rations d'entretien improductives, renouvellement de capital avec bénéfice, et accroissement de revenu.

« Voilà, dit M. Sanson en terminant, ce que j'entends par la liquidation la plus prompte possible des mérinos non précoces. Je pense que cette solution, proposée aux éleveurs du Sud-Est, n'est au-dessus de la portée de personne, puisqu'elle n'exige aucun engagement de capitaux, ni aucun changement immédiat dans les conditions agricoles au milieu desquelles ils opèrent. Elle ne dépend que de leur volonté, et ils peuvent être assurés de trouver des acheteurs pour leurs moutons, car la Hongrie en fournit une grande quantité au marché de Paris qui sont de la même race, qui ne valent pas mieux, et qui ont, pour y arriver, une plus grande distance à franchir. »

II. — Le mérinos précoce.

Il s'est formé en France, depuis quelques années, une nouvelle variété dans la race des moutons mérinos. Cette variété est reconnaissable à première vue par une particularité sur laquelle nous devons d'abord arrêter notre attention.

« Quand les laines longues mérinos, dit Yvart (1), n'étaient pas encore demandées pour le peignage par beaucoup de manufacturiers, des cultivateurs s'attachaient à obtenir de lourdes toisons par le grand développement qu'ils cherchaient à donner à la peau du mouton. La nature présente, dans la race mérinos, quelques animaux qui ont une peau plissée sous le cou, autour du cou, près de la rotule et sur les fesses; ces moutons portent plus de laine que si la peau avait une surface moins grande. Certains cultivateurs ont recherché les béliers dont la peau était très-plissée, et ils n'ont pas tardé à rendre héréditaires les plis du derme; mais, s'ils sont parvenus à augmenter ainsi le poids des toisons, ils ont gâté une partie de ces toisons, et de plus ils ont diminué les qualités recherchées dans le mouton sous le rapport de la boucherie.

« En effet, de singulières modifications se remarquent alors dans la texture de l'enveloppe cutanée, et de la laine qu'elle sécrète : la peau devient blanche, sèche et fort épaisse à l'endroit des plis; la laine aussi y devient dure, très-roide et tellement inférieure à celle des bonnes parties de la toison, qu'elle a très-peu de valeur. »

Telle est encore aujourd'hui la manière d'être de la plupart des moutons mérinos en France et en Allemagne.

(1) *Études sur la race mérinos à laine soyeuse de Mauchamp.* Recueil de médecine vétérinaire, 3e série, t. VII, p. 400, 1850.

Elle a pour conséquence, en outre, que ces mérinos fournissent, en faible proportion de leur poids vif, une viande justement réputée détestable. Leur squelette est grossier, leur développement tardif, leur engraissement difficile.

« Une seconde observation, à laquelle donnent lieu les moutons dont la peau est plissée, ajoute Yvart, offre plus d'importance. Toutes les fois que l'on augmente l'étendue de la peau, on s'expose à accroître l'étendue de la menbrane muqueuse du tube gastro-intestinal. Ce résultat se remarque dans l'espèce du bœuf comme dans celle du mouton. Que l'on considère les animaux qui ont beaucoup de fanon et une peau plissée, et l'on s'assurera que, par suite de l'étendue de la muqueuse gastro-intestinale, ces animaux ont généralement un ventre très-gros. Le genre de nourriture influe bien de son côté sur le développement du ventre; des aliments très-nutritifs sous un petit volume en diminuent la capacité, des aliments peu nourrissants l'augmentent au contraire; ce que je veux dire seulement, c'est qu'à nourriture égale les animaux dont la peau a beaucoup d'étendue sont disposés à avoir un tube intestinal très-développé. La capacité prise par la cavité abdominale nuit à celle du thorax ; l'inclinaison qui existe sur les parois inférieures de l'abdomen, depuis le pubis jusqu'au sternum, fait peser les viscères digestifs sur le diaphragme et rend la respiration moins étendue ; l'expérience prouve que les animaux ainsi construits restent plus petits que ceux qui ont une conformation différente, et coûtent plus à engraisser. C'est un fait connu de beaucoup de cultivateurs, et qui est apprécié notamment de tous les éleveurs anglais, car toutes les races de boucherie de nos voisins n'ont jamais la peau plissée et le ventre démesurément développé aux dépens de la poitrine. »

La nouvelle variété de mérinos se distingue surtout par l'absence de ces plis à la peau, dont la signification vient d'être empruntée à l'auteur le plus compétent sur la matière que nous ayons eu. Elle est, par là, reconnue de tout le monde. Au concours général de bêtes ovines qui eut lieu dans l'île de Billancourt lors de l'exposition universelle de 1867, le jury avait établi deux catégories de mérinos : celle des *mérinos plissés* et celle des *mérinos non plissés.* Voici comment s'est exprimé à leur sujet le rapporteur du jury :

« Parmi les mérinos exposés, dit M. Magne (1), beaucoup se faisaient remarquer par leur tête assez légère, dépourvue de cornes, et présentaient les caractères que nous résumons par les mots forme cylindrique du tronc et légèreté du squelette, caractères qui rapprochent des races de boucherie les mérinos que les éleveurs progressistes cherchent à produire. Cette amélioration n'est pas générale.

« Il y a chez nos producteurs de mérinos deux tendances : si les uns cherchent, nous venons de le voir, à perfectionner les formes en diminuant le poids des parties du corps qui ont peu de valeur, les autres tendent encore à accroître l'étendue de la toison par l'emploi de béliers de haute taille, à peau plissée, à tête et à extrémités fortement laineuses. Ces derniers avaient exposé des béliers de l'ancien type, caractérisés par une tête grosse et pourvue de cornes lourdes, par une encolure forte, un garrot saillant et une peau fortement plissée, ce qui augmente la quantité de la laine, mais en diminue la qualité. Avec ces caractères, les bêtes ovines, quoique laissant à désirer au point de vue de la boucherie, sont recherchées dans quelques pays, et les éleveurs français ont toujours intérêt à produire des béliers de cette sorte, parce qu'ils les vendent avantageusement comme reproducteurs pour des contrées où l'on tient moins qu'en France à la production de la viande.

« Ces deux variétés du mérinos ne se trouvent pas également réparties dans tous les départements producteurs : les cultivateurs de Seine-et-Oise, d'Eure-et-Loir, de Seine-et-Marne, etc., qui ont retiré de si grands bénéfices du mérinos ancien type, y tiennent toujours et en avaient exposé de fort remarquables ; tandis que les producteurs de la va-

(1) *Rapports du jury international*, t. XII, p. 318.

riété à peau non plissée, plus appropriée à la boucherie, sont disséminés dans la Côte-d'Or, la Marne, le Loiret, etc. »

Mais il y a lieu d'établir entre les deux variétés une distinction encore plus précise. Non-seulement les mérinos sans plis ont des formes corporelles analogues à celles des moutons anglais des races dites perfectionnées ou améliorées, ils ont, en outre, comme eux, des os d'un faible volume relatif, et leur développement est de même hâtif ou précoce. C'est un fait aujourd'hui bien démontré (1).

L'aptitude des mérinos précoces à produire, pour un poids vif égal, une proportion de chair comestible aussi élevée que celle des moutons anglais, leicesters ou southdowns, par exemple, est hors de doute. Le développement de cette aptitude ou de la précocité est chez eux d'ailleurs dû à l'application des mêmes procédés méthodiques. De l'avis unanime de ceux qui en ont goûté, la saveur de leur viande est infiniment meilleure. Comme bêtes à viande, selon la locution vulgaire, les mérinos de la nouvelle variété ne laissent donc rien à désirer. Ils réalisent, à cet égard, l'idéal du progrès zootechnique. Comment doivent-ils être appréciés au point de vue de la production de la laine? Quelles influences ont exercées, sur la quantité et les qualités de la toison, la disparition des plis de la peau et la précocité du développement du corps?

Il est admis généralement, par suite de raisonnements *à priori*, que l'absence de plis a dû nécessairement diminuer l'étendue des surfaces couvertes de laine, et qu'une alimentation abondante a pour conséquence nécessaire de grossir les brins. L'influence de la nourriture sur les qualités de la toison peut, dans l'état actuel de la science, être considérée comme une opinion classique.

(1) Voy. André Sanson, *Mémoire sur la théorie du développement précoce des animaux domestiques* dans le *Journal de l'Anatomie et de la Physiologie* de Ch. Robin, mars-avril 1872, p. 113. Mémoire couronné par l'Académie des sciences. (Concours de physiologie expérimentale de 1873.)

« Lorsque, dit Yvart dans le Mémoire déjà cité, les moutons sont *nourris très-abondamment, la laine grossit ;* dans le cas contraire, elle s'affine. Rien ne paraît, au premier examen, plus facile que de produire la laine la plus fine. Cependant les cultivateurs français cherchent rarement à obtenir ce genre de lainage ; c'est qu'en entrant dans les détails pratiques de cette affaire l'on reconnaît qu'elle perd beaucoup de sa simplicité. La laine fine n'a de qualité qu'autant qu'elle est donnée par des animaux en bonne santé; il faut donc que la nourriture, sans être abondante, soit suffisante pour que les animaux se portent bien. Il faut ainsi déterminer avec soin la ration qui convient à la fois pour entretenir la santé et obtenir de la laine fine. Si, momentanément, la ration reste au-dessous de ce qui est nécessaire pour cette destination, la laine devient malade ; elle s'amincit outre mesure, s'altère et devient cassante. Rétréci dans une partie de sa longueur pendant le moment de la disette, grossi pendant que la nourriture est plus forte, le brin cesse d'avoir la forme cylindrique qui importe à sa qualité. Le régime doit donc produire le même effet pendant toute l'année. »

Et un peu plus loin : « Convaincus par expérience que les moutons dont la peau est plissée ont les graves défauts précédemment indiqués, la plupart des cultivateurs, ajoute Yvart, ne cherchent plus à obtenir de lourdes toisons par l'emploi des béliers de cette sous-race; le moyen qu'ils préfèrent consiste dans l'usage d'étalons dont la mèche possède la longueur voulue pour le peigne, et dont la toison a tout le tassé que comporte une laine aussi longue. Ces moutons peuvent être nourris abondamment sans aucun inconvénient, parce que, *si la laine perd de sa finesse*, elle acquiert en compensation beaucoup de force de résistance, et que, d'ailleurs, la nourriture contribue au développement rapide des animaux. »

Depuis longtemps, j'étais convaincu, par les résultats de l'observation à l'œil nu et par la discussion physiologique, de ce qu'il y a de fautif dans une telle opinion, due à l'interprétation inexacte d'un fait d'ailleurs vrai. De ce que la laine formée durant une période d'alimentation insuffisante se montre faible, peu résistante, on en a conclu sans vérification qu'elle était devenue plus fine, ou d'un diamètre moindre. De là à conclure que son diamètre augmente nécessairement sous l'influence d'une forte alimentation, il n'y avait qu'un pas bien facile à franchir pour le raisonnement *à priori*. J'ai contredit ce raisonnement dès 1868 dans le petit ouvrage publié alors sur les moutons (1).

D'un autre côté, il est admis, surtout en Allemagne, que l'alimentation n'a qu'une influence très-faible, sinon tout à fait nulle, sur la quantité absolue de laine produite.

« La croissance de la laine, dit Gohren (2), est seulement dépendante de la force végétative de la peau ; elle reste constante aussi longtemps que l'animal ne souffre point du manque d'aliments. La production de la laine se laisse bien amoindrir ou entraver par l'alimentation, mais seulement très-peu augmenter. De là, Haubner a complétement raison quand il soutient qu'il existe une relation très-limitée entre la croissance de la laine, la nourriture et la nutrition, relation qui n'est pas à comparer avec les autres genres de production. L'alimentation ne vient qu'en seconde ligne et relativement seulement dans des limites étroites, comme influence sur la production de la laine. »

Ayant réuni soixante échantillons de laine de diverses provenances et offrant les conditions qui permettaient de contrôler les opinions reçues par une vérification expérimentale complète, je les ai soumis à des recherches précises dont le présent Mémoire a pour objet d'exposer en détail les résultats (3).

(1) Voy. André Sanson, *Les moutons, histoire naturelle et zootechnie — Bibliothèque du cultivateur.*

(2) *Die Naturgesetze der Fütterung der landwirthschaftlichen Nutzthiere*, von D[r] phil. Theodor von Gohven, p. 490.

(3) Ces résultats ont été déjà publiés sommairement dans les *Comptes*

De ces soixante échantillons, qui sont tous déposés au musée de l'École de Grignon, vingt ont été recueillis lors de l'excursion d'étude que nous fîmes avec nos élèves en Brie, en Beauce et en Gâtinais, du 26 mai au 3 juin 1872; deux proviennent du troupeau de la bergerie nationale de Rambouillet, pour servir de termes de comparaison; deux ont été recueillis au concours régional de Langres, en 1873, sur un bélier et sur une brebis du troupeau de M. Japiot, de Châtillon-sur-Seine (Côte-d'Or); huit m'ont été obligeamment remis à ce même concours par M. Lucien Garola, mon ancien élève, comme provenant du troupeau de la ferme-école de Saint-Eloi (Haute-Marne), dirigée par son père; enfin, les vingt-huit autres ont été recueillis dans le Soissonnais et dans les magasins de MM. Villeminot et comp., de Reims, durant notre excursion de l'année 1874. Les échantillons pris à Reims appartiennent aux diverses provenances des laines coloniales, avec lesquelles il était bon de comparer nos laines françaises de mérinos précoces.

On voit, par les indications qui viennent d'être données, qu'avec le temps nos études ont fini par s'étendre à toutes les variétés des districts de notre région septentrionale des mérinos, à celles de la Beauce, de la Brie, du Gâtinais, du Soissonnais, de la Champagne et de la Bourgogne, où s'étendent de plus en plus les troupeaux composés de sujets précoces. Il serait difficile de les rendre plus complètes.

III. — Méthode de recherche.

Chacun des échantillons de laine a été d'abord pesé à l'état brut, après qu'on eut pris note de la nuance du suint. Il a été ensuite lavé à l'eau claire, à peu près dans les conditions du lavage à dos, puis pesé de nouveau, après vingt-quatre heures d'exposition à l'air du laboratoire, à la tempé-

rendus de l'Académie des sciences, t. LXXV, p. 887, et t. LXXIX, p. 961, ainsi que dans le *Journal de l'agriculture* de Barral.

rature des mois de juin, juillet et août. On l'a plongé enfin durant quelques minutes dans un mélange formé d'une partie d'alcool et d'une partie d'ammoniaque contre deux parties d'éther sulfurique. Ce mélange m'avait été indiqué par M. l'ingénieur Millot, alors répétiteur du cours de chimie agricole et maintenant chargé de celui de technologie, et mis obligeamment par lui à ma disposition pour mes premières recherches. L'échantillon, de nouveau lavé à l'eau, puis égoutté, est resté, durant huit jours, exposé au même air du laboratoire, puis pesé une dernière fois.

Des fragments de quelques-uns des échantillons ainsi traités, remis à M. Chevreul, sur la demande qu'il a bien voulu m'en faire, pour étudier leur mode d'action en présence de la teinture, ont montré que le dernier traitement n'était point suffisant pour désuinter ou dégraisser complétement le brin. Mais, comme l'opération n'avait pour but que de faciliter le mesurage microscopique des diamètres, cela importait peu. Du reste, tous les échantillons ayant été soumis exactement aux mêmes traitements, les recherches n'en conservent pas moins leur valeur comparative. On n'avait pas en vue de déterminer la quantité absolue de substance laineuse et la quantité relative de matières grasses pour chacune des qualités de laine examinées, mais bien de mettre en lumière l'influence exercée par la précocité du développement corporel et par l'activité de l'aptitude digestive sur les propriétés de la toison des moutons mérinos, et notamment de savoir si, en réalité, cette influence a pour effet d'augmenter le diamètre du brin.

C'est un fait acquis et admis par tout le monde, en France, que, dans la toison des animaux précoces, la mèche de laine est plus longue que dans celle des animaux ordinaires de la même race. Il fallait, par des mesures précises, examiner ce qu'il en est au sujet de la longueur des brins et de leur diamètre. C'est ce qui a été fait.

Pour chaque échantillon, on a d'abord mesuré la longueur de mèche, puis la longueur d'un brin isolé et étendu, de manière à faire disparaître aussi complétement que possible ses courbes de frisure, sans mettre en jeu son élasticité propre. L'opération est délicate. Il faut dire comment elle a été réalisée, après quelques tâtonnements.

Le brin retiré avec précaution de la mèche, à l'aide d'une pince fine, et de façon à ce qu'il restât entier, on le déposait sur un sous-main en papier de couleur sombre. Le brin de laine mérinos, en général, est, par son diamètre, à la limite des choses visibles pour l'œil normal. Avec un petit globule de cire jaune pétrie entre les doigts et, par conséquent, malléable, on le fixait sur le papier par l'une de ses extrémités, engagée aussi peu que possible sous la cire. Par l'autre extrémité, collée de même à un second globule de cire, on le tirait doucement et avec précaution, jusqu'à ce que toute ondulation eût disparu dans son étendue, puis en cet état on faisait encore adhérer ce second globule de cire au papier en appuyant dessus avec le doigt.

Le brin ainsi étendu a pu être mesuré sans qu'il y eût erreur de plus de 1 à 2 millimètres, causée par la quantité engagée sous chacun des deux globules de cire, par lesquels ses extrémités étaient retenues. Cette quantité était toujours très-petite, car il arrivait souvent de voir le brin s'échapper avant que toutes ses courbes fussent effacées. D'ailleurs, pour les grandeurs que nous verrons, ces limites d'erreur sont vraiment insignifiantes. Elles perdent, en outre, toute valeur, par cela seul qu'elles se sont nécessairement toujours présentées dans le même sens.

Le même artifice a servi pour fixer sur la lame de verre les brins préparés pour l'examen microscopique, et il a permis, dans les diverses préparations, d'apprécier, en outre, la résistance à la traction offerte par ces brins de provenances différentes. Ici, suivant une recommandation faite par W. von Nathusius (1), on a eu le soin d'imprimer au brin,

(1) *Das Wollhaar des Schafs in histologischer und technischer Beziehung, mit verglischender Berücksichtigung anderer Haare und der Haut.* Berlin, 1866.

avant de l'étendre, deux à trois mouvements de torsion sur lui-même, afin d'avoir le diamètre réel aux places mesurées.

De chacun des soixante échantillons étudiés, deux brins ont été mesurés à trois points différents de la longueur, partagée sensiblement par tiers. Cela fait donc pour chaque échantillon six valeurs micrométriques dont on a pris la moyenne.

Dans le plus grand nombre des cas, on a indiqué ces valeurs explicitement, afin de donner une idée aussi exacte que possible de la régularité ou de l'irrégularité du brin.

Les mesures ont été prises au micromètre oculaire n° 2 de Nachet, objectif n° 2 (grossissement = 260), et les diamètres réels calculés d'après les coefficients dont l'exactitude a été confirmée notamment par le professeur Ch. Robin (1).

J'ose espérer qu'avec ces explications mon travail présentera toutes les garanties de précision et toutes les conditions de contrôle qu'on est en droit d'exiger aujourd'hui, pour accorder son attention à des recherches scientifiques. Celles dont il s'agit ici sont minutieuses; elles ont exigé beaucoup de temps et une certaine dextérité de main pour les préparations; mais ceux qui voudront les répéter ne rencontreront plus dans leur exécution que des difficultés facilement surmontables, les procédés simples que j'ai institués et dont je me suis servi étant maintenant connus.

Les résultats de ces recherches vont être d'abord rassemblés dans des tableaux où se trouve indiquée la provenance de chacun des échantillons étudiés, ainsi que les particularités non exprimables en nombres qui le concernent. Ils seront ensuite discutés, puis nous en tirerons les conclusions pratiques, qui me paraissent d'une grande valeur pour l'économie des troupeaux de moutons.

(1) Ch. Robin, *Le microscope et les injections*, etc.

IV. — Tableaux des observations faites sur les échantillons de laine.

NUMÉROS D'ORDRE des échantillons.	NOM DU PROPRIÉTAIRE du troupeau de provenance de l'échantillon.	ESPÈCE DU MOUTON.	NUANCE du suint.	POIDS de l'échantillon			LONGUEUR		NOMBRE DE DIVISIONS du micromètre.	DIAMÈTRE MOYEN DU BRIN.	RÉSISTANCE DU BRIN à la traction.
				en suint.	après lavage à l'eau.	après dessuintage.	de la mèche.	du brin étendu.			
				Gr.	Gr.	Gr.	Millim.	Millim.		100es de millim.	
1	M. Ricois, à Malinville (Eure-et-Loir)...........	Agneau dishley-mérinos.	Blanc vitreux.	0.37	0.24	0.22	40	45	—	2.5	Faible.
2	Id.	Id.	Id.	0.22	0.16	0.15	48	50	—	2.6	Id.
3	Id.	Brebis mérin. commune.	Jaune sale.	0.82	0.43	0.40	50	53	—	2.6	Assez forte.
4	M. Roger, à Thierville (Eure-et-Loir)............	Brebis mérinos précoce, 3 ans.	Jaune d'ocre.	0.75	0.39	0.35	60	94	—	2.3	Forte.
5	Id.	Bélier mérinos précoce.	Id.	1.72	0.98	0.89	85	100	—	2.6	Id.
6	M. le marquis d'Argent, à Bouville (Eure-et-Loir).....	Bélier dishley-mérinos.	Blanc vitreux.	0.52	0.33	0.32	100	127	3 4 4 6 5 6	2.33	Très-faible.
7	Id.	Agneau dishley-mérinos.	Jaune pâle.	0.12	0.05	0.04	60	77	—	2.00	Assez forte.
8	Id.	Brebis dishley-mérinos.	Jaune citrin.	0.59	0.27	0.27	70	111	—	2.33	Forte.
9	M. Noblet, à Château-Renard (Loiret)............	Agnelle mérinos précoce.	Jaune pâle.	1.08	0.73	0.71	70	101	—	2.66	Id.
10	Id.	Id.	Id.	1,66	1.11	1.00	60	92	3 4 3 3 4 3	1.67	Id.
11	Id.	Id.	Id.	1.19	0.73	0.68	60	82	—	2.00	Id.
12	Id.	Id.	Id.	1.57	0.95	0.88	53	71	—	2.5	Id.
13	M. Delamarre, à Éprunes (Seine-et-Marne)..........	Bélier mérinos précoce, 18 mois, quatre dents d'adulte.	Id.	0.23	0.21	0.19	85	135	4 4 4 5 4 5	2.16	Très-forte.
14	Id.	Brebis mérinos précoce, 18 mois, quatre dents d'adulte.	Id.	0.17	0.11	0.105	80	135	5 5 5 5 5 5	2.5	Id.
15	Id.	Agnelle mérinos précoce, 12 mois, une dent d'adulte.	Id.	0.07	0.05	0.049	55	73	—	1.85	Id.
16	Id.	Id.	Id.	0.21	0.16	0.155	60	89	—	1.85	Id.
17	Id.	Id.	Id.	0.40	0.24	0.22	55	100	4 6 5 5 5 4	2.33	Id.
18	M. Lefèvre, aux Aulnois (Seine-et-Marne)..........	Bélier mérinos précoce, 18 mois, quatre dents d'adulte.	Id.	0.12	0.08	0.065	95	130	—	2.17	Id.
19	Id.	Brebis mérinos précoce, 18 mois, quatre dents d'adulte.	Id.	0.16	0.11	0.097	75	108	5 6 6 4 5 5	2.58	Id,

NUMÉROS D'ORDRE des échantillons.	NOM DU PROPRIÉTAIRE du troupeau de provenance de l'échantillon.	ESPÈCE DU MOUTON.	NUANCE du suint.	POIDS de l'échantillon en suint.	POIDS de l'échantillon après lavage à l'eau.	POIDS de l'échantillon après dessuintage.	LONGUEUR de la mèche.	LONGUEUR du brin étendu.	NOMBRE DE DIVISIONS du micromètre.	DIAMÈTRE MOYEN du brin.	RÉSISTANCE DU BRIN à la traction.
				Gr.	Gr.	Gr.	Millim.	Millim.		100mes de millim.	
20	M. Lefèvre, aux Aulnois (Seine-et-Marne).	Brebis mérinos précoce, 18 mois, quatre dents d'adulte.	Jaune pâle.	0.24	0.12	0.11	70	100	—	1.915	Très-forte.
21	Bergerie de Rambouillet (Seine-et-Oise).	Bélier mérinos commun, n° 171.	Jaune d'ocre foncé.	0.90	0.47	0.445	55	113	5 5 7 6 5 5	2.75	Id.
22	Id.	Bélier mérinos commun, n° 189.	Jaune d'ocre clair.	1.09	0.69	0.645	60	106	5 5 7 5 5 4	2.58	Id.
23	M. Garola, ferme-école de Saint-Eloi (Haute-Marne).	Bélier mérinos précoce 3 ans, n° 1.	Jaune pâle.	1.885	1.410	1.397	80	140	5 6 5 5 5 5	2.58	Id.
24	Id.	Bélier mérinos, n° 2, 3 ans.	Id.	1.475	1.150	1.130	70	110	5 4 6 4 5 5	2.415	Id.
25	Id.	Bélier mérinos, n° 3, 18 mois, quatre dents.	Id.	1.10	0.78	0.77	80	115	3 4 5 5 5 6	2.33	Id.
26	Id.	Bélier mérinos, n° 4, 18 mois, quatre dents.	Id.	1.585	1.350	1.327	90	125	4 4 5 4 4 4	2.08	Id.
27	Id.	Bélier mérinos n° 5, 18 mois, quatre dents.	Id.	1.594	1.320	1.309	90	120	4 5 4 4 4 4	2.08	Id.
28	Id.	Agneau mérinos, 5 mois 15 jours.	Id.	0.47	0.33	0.33	45	80	4 4 5 4 5 5	2.25	Faible.
29	Id.	Id.	Id.	0.575	0.425	0.425	60	80	6 3 3 4 5 4	2.08	Id.
30	Id.	Id.	Id.	0.48	0.35	0.34	50	55	4 3 3 5 6 4	2.08	Id.

NUMÉROS D'ORDRE des échantillons.	NOM DU PROPRIÉTAIRE du troupeau de provenance de l'échantillon.	ESPÈCE DU MOUTON.	NUANCE du suint.	POIDS de l'échantillon en suint.	après lavage à l'eau.	après dessuintage.	LONGUEUR de la mèche.	du brin étendu.	NOMBRE DE DIVISIONS du micromètre.	DIAMÈTRE MOYEN du brin.	RÉSISTANCE DU BRIN à la traction.
				Gr.	Gr.	Gr.	Millim.	Millim.		100es de millim.	
31	M. Japiot, à Châtillon-sur-Seine (Côte-d'Or).	Bélier mérinos précoce, 26 mois, adulte.	Jaune pâle.	1.81	1.23	1.197	80	120	5 6 6 5 5 5	2.66	Forte.
32	Id.	Brebis mérinos précoce, 26 mois, six dents.	Id.	1.174	0.780	0.765	90	130	5 5 5 5 5 5	2.5	Id.
33	M. Bataille, à Passy-en-Valois (Aisne).	Brebis mérinos précoce, 30 mois, adulte.	Id.	0.786	0.466	0.455	90	113	4 4 4 4 4 4	2.0	Id.
34	M. Hutin, à Lessart (Aisne). .	Bélier mérinos acheté à Rambouillet, 18 mois.	Id.	0.385	0.280	0.271	85	109	3 3 3 4 4 4	1.75	Id.
35	Id.	Brebis mérinos précoce, 18 mois, quatre dents.	Id.	0.506	0.337	0.326	80	102	4 4 4 3 4 3	1.83	Id.
36	Id.	Brebis mérinos précoce, 30 mois, adulte.	Id.	0.395	0.190	0.187	85	120	3 4 4 4 5 5	2.10	Id.
37	Id.	Id.	Id.	0.365	0.244	0.240	85	114	3 3 3 3 3 3	1.5	Id.
38	Id.	Id.	Id.	0.560	0.405	0.388	80	111	3 3 3 3 3 3	1.5	Id.
39	M. Duclert, à Édrolle (Aisne).	Bélier mérinos précoce, 42 mois, adulte.	Jaune foncé.	1.035	0.650	0.612	100	190	3 3 4 4 3 4	1.75	Très-forte.
40	Id.	Brebis mérinos précoce, 18 mois, quatre dents.	Jaune pâle.	1.310	0.800	0.790	120	181	4 4 4 3 3 3	1.75	Id.

NUMÉROS D'ORDRE des échantillons.	NOM DU PROPRIÉTAIRE du troupeau de provenance de l'échantillon.	ESPÈCE DU MOUTON.	NUANCE du suint.	POIDS de l'échantillon: en suint.	POIDS de l'échantillon: après lavage à l'eau.	POIDS de l'échantillon: après dessuintage.	LONGUEUR: de la mèche.	LONGUEUR: du brin étendu.	NOMBRE DE DIVISIONS du micromètre.	DIAMÈTRE MOYEN du brin.	RÉSISTANCE DU BRIN à la traction.
				Gr.	Gr.	Gr.	Millim.	Millim.		100es de millim.	
41	M. Duclert, à Édrolle (Aisne).	Brebis mérinos précoce, 18 mois, quatre dents.	Jaune pâle.	0.841	0.460	0.450	95	130	2 3 2 2 2 2	1.1	Très-forte.
42	M. Conseil-Lamy, à Oulchy-le-Château (Aisne).	Bélier mérinos précoce, 42 mois, adulte.	Id.	0.751	0.464	0.444	90	125	5 5 4 4 4 4	2.16	Id.
43	Id.	Id.	Id.	0.566	0.391	0.383	100	160	3 4 4 5 5 5	2.16	Id.
44	Id.	Brebis mérinos précoce, 32 mois, adulte.	Id.	0.890	0.385	0.382	80	117	3 3 3 3 3 3	1.5	Id.
45	M. Delizy, à Montémafroy (Aisne).	Bélier mérinos précoce, 42 mois, adulte.	Id.	0.701	0.447	0.455	80	120	4 4 3 4 4 4	1.9	Id.
46	Id.	Brebis mérinos précoce, 18 mois, 4 dents.	Id.	0.600	0.440	0.430	114	165	3 3 3 4 4 4	1.75	Id.
47	M. Minelle, à Villardelle (Aisne).	Bélier mérinos précoce, 25 mois, six dents.	Id.	0.975	0.677	0.658	90	148	4 4 4 4 4 4	2.0	Faible.
48	Id.	Brebis mérinos précoce, 18 mois, quatre dents.	Id.	0.725	0.446	0.442	85	123	3 4 4 4 4 4	1.9	Id.
49	M. Baton, à Ormesson (Seine-et-Marne).	Bélier mérinos précoce, 32 mois, adulte.	Id.	0.506	0.350	0.331	90	136	5 4 4 3 4 4	2.0	Forte.
50	Id.	Brebis mérinos précoce, 20 mois, quatre dents.	Id.	0.801	0.465	0.441	90	140	4 4 4 4 4 3	1.9	Id.

NUMÉROS D'ORDRE des échantillons.	NOM DU PROPRIÉTAIRE du troupeau de provenance de l'échantillon.		ESPÈCE DU MOUTON.	NUANCE du suint.	POIDS de l'échantillon.			LONGUEUR		NOMBRE DE DIVISIONS du micromètre.	DIAMÈTRE MOYEN du brin.	RÉSISTANCE DU BRIN à la traction.
					en suint.	après lavage à l'eau.	après dessuintage.	de la mèche.	du brin étendu.			
					Gr.	Gr.	Gr.	Millim.	Millim.		100es de millim.	
51	Port-Philippe (MM. Villeminot et comp., à Reims).		Mérinos.	Jaune pâle.	0.651	0.375	0.363	50	100	3 3 3 3 3 3	1.5	Très-forte.
52	Id.	Id.	Id.	Blanche.	0.531	0.384	0.363	70	140	3 4 3 3 3 3 3	1.6	Id.
53	Id.	Id.	Id.	?	?	0.261	0.250	50	110	3 3 3 3 2 4 3	1.5	Forte.
54	Adélaïde.	Id.	Id.	Blanche.	0.301	0.240	0.232	80	114	3 3 3 3 2 4 4	1.6	Id.
55	Id.	Id.	Id.	Id.	0.650	0.441	0.432	80	110	3 3 3 3 3 3	1.5	Faible.
56	Nouvelle-Zélande.	Id.	Id.	Id.	0.281	0.221	0.220	70	91	4 3 3 4 3 4	1.75	Très-forte.
57	Id.	Id.	Id.	Id.	0.290	0.240	0.231	80	153	4 3 3 3 4 4	1.75	Forte.
58	Id.	Id.	Id.	Id.	0.301	0.221	0.220	80	116	5 5 4 3 3 4	2.0	Faible.
59	Australie.	Id.	Id.	Jaune citrin.	0.675	0.441	0.437	90	130	3 3 3 3 3 3	1.5	Forte.
60	Id.	Id.	Id.	Id.	0.480	0.241	0.237	50	73	4 4 4 4 4 5	2.1	Id.

V. — Discussion des observations.

Les faits consignés dans les tableaux précédents sont assez nombreux pour nous permettre de comparer les laines des mérinos précoces, considérées absolument, non-seulement avec celles du type de l'ancien mérinos français, tel qu'il se conserve dans le troupeau de la bergerie nationale de Rambouillet, mais encore avec celles des mérinos des colonies anglaises, qui en sont dérivés. Au double point de vue physiologique et commercial, la comparaison sera intéressante. Elle mettra en évidence, d'une part, les modifications que les toisons ont pu subir du fait de la hâtiveté ou précocité du développement du corps; de l'autre, les effets de ces modifications sur leur valeur, puisque les laines coloniales, par leur abondance sur le marché, règlent aujourd'hui le cours de la marchandise.

Nous pourrons, en outre, comparer entre elles les laines des mérinos précoces des divers districts producteurs de notre pays, puisque les tableaux contiennent un nombre suffisant de résultats relatifs à chacun de ces districts. Il nous sera possible aussi d'établir des rapprochements avec les caractères des laines allemandes, si bien étudiées par W. von Nathusius, à l'aide de procédés analogues à ceux qui ont été mis en œuvre dans le présent travail. Par là, l'état actuel et l'avenir des mérinos précoces, considérés comme producteurs de laine, seront mis en pleine lumière, et l'on aura des documents certains pour décider sur la question de savoir si nos éleveurs français ont tort ou raison de persister dans la conservation de leurs troupeaux de mérinos, malgré la propagande administrative en faveur des variétés anglaises et de leurs métis.

Nous ne nous arrêterons pas beaucoup à ce qui concerne la nuance du suint, bien qu'elle ait de l'importance à un point de vue autre que celui auquel nous sommes ici placés. Cette nuance paraît être due à des circonstances indépendantes de celles qui agissent sur la croissance du corps. Des sujets également précoces montrent, ainsi qu'on peut s'en assurer en consultant les tableaux, des nuances de suint différentes, et d'autres de sortes diverses en présentent de semblables.

La perte de poids éprouvée au lavage à l'eau par les échantillons étudiés ne peut guère non plus avoir une importance notable, attendu qu'elle dépend, pour une forte part, de la proportion des matières étrangères mélangées au suint et que l'eau entraîne avec lui. Elle donne seulement la mesure de l'état de propreté de la toison brute, dépendant, de son côté, du régime des moutons ou de leur mode d'entretien. Toutefois, le renseignement a son utilité pratique, et c'est pourquoi nous en avons tenu compte dans nos recherches, en dehors de la nécessité du lavage pour nos mesures micrométriques, à titre de préparation. C'est par lui que nous commencerons notre discussion.

Il est frappant, d'abord, que nos échantillons provenant de purs mérinos précoces sont ceux qui, dans tous les cas, à l'exception de quelques laines de dishley-mérinos, ont le moins perdu au lavage à l'eau. Ainsi, les deux échantillons de la bergerie de Rambouillet, par exemple, ont été réduits de $0^{gr}.90$ à $0^{gr}.47$ et de $1^{gr}.09$ à $0^{gr}.69$, soit, dans le premier cas, de 48 pour 100, et dans le second de 49 pour 100. Aucun de ceux que nous pouvons leur comparer n'a atteint de telles proportions. L'échantillon n° 13, réduit de 0.23 à 0.21, et le n° 15, réduit de 0.07 à 0.05, n'ont perdu que 9 et 29 pour 100. Le n° 26, réduit de 1.585 à 1.350, a perdu ainsi moins de 15 pour 100. Le n° 35, réduit de 0.506 à 0.337, n'a perdu que 29 pour 100. Le maximum de perte, pour les laines de mérinos précoce, a été de plus de 50 pour 100 dans un seul cas, qui est évidemment tout à fait exceptionnel et dû à une circonstance étrangère à l'état général du troupeau ; car si, dans ce cas, qui est celui de la brebis n° 44 du troupeau de M. Conseil-Lamy, l'échantillon s'est réduit de 0.890 à 0.385, les deux autres, n°s 42 et 43, ne se sont réduits que de **0,751** à **0,464**, et de **0,566** à **0,391**, soit de **38** et de **30** pour **100**.

Le n° **20**, qui pesait **0,24** en suint et n'a plus pesé que **0,12** après le lavage, a perdu tout juste **50** pour **100**. Mais on comprendra facilement que sur une quantité si minime il suffit de la présence accidentelle d'une impureté quelconque, d'un fragment d'excréments ou de fourrage, pour expliquer le fait et le rendre exceptionnel.

En définitive, il y a une très-forte différence entre les laines provenant des toisons de mérinos précoces et les autres, quant à la perte que le lavage à l'eau fait subir à ces toisons. En tenant compte des apparences du suint, il ne paraît pas douteux que cette différence doive être attribuée autant à la qualité de ce suint qu'à son abondance. Le suint fortement coloré des échantillons venant de Rambouillet et de ceux du troupeau de Thierville coïncide avec des pertes beaucoup plus fortes au lavage. Ces pertes plus fortes coïncident aussi avec une moindre douceur au toucher du brin. Mais une perte moindre n'implique point une douceur plus grande. C'est ce que prouvent les échantillons n^{os} **1**, **2**, **6**, **7** et **8**, provenant de dishley-mérinos, métis à divers degrés, et présentant quelques particularités sur lesquelles nous aurons à revenir plus loin. Pour l'instant, nous constaterons seulement que ces laines, de qualité médiocre, perdent beaucoup moins au lavage que celles des mérinos purs non précoces, lorsqu'elles se rapprochent des caractères de la laine du dishley, comme c'est le cas pour les n^{os} **1**, **2** et **6**, bien qu'elles soient loin d'en avoir le toucher onctueux. Le suint, d'un blanc vitreux, qui les recouvre et les imprègne est relativement pauvre en oléine. Il est peu entraîné par l'eau pure.

Si nous examinons à présent la perte de poids après le traitement par le mélange d'alcool, d'ammoniaque et d'éther, nous constaterons une remarquable uniformité dans les résultats. Évidemment, dans ce mélange, les échantillons ne se sont point comportés d'une façon sensiblement différente, quelle que fût leur apparence physique. Faut-il en conclure que ce n'est pas là un bon dissolvant pour le suint? Il y aurait lieu de l'admettre, surtout d'après ce que M. Chevreul a bien voulu me dire après avoir observé quelques-uns de mes échantillons. Toujours est-il que les nombres consignés aux tableaux ne mettent en relief rien qui puisse permettre de distinguer à cet égard les laines de mérinos précoce de celles de mérinos commun ou de métis dishley-mérinos. Toutes, dans le dissolvant adopté tel qu'il m'avait été recommandé de préférence à l'éther pur, que j'avais d'abord l'intention d'employer, semblent s'être comportées de la même façon, en conservant la plus forte part de leurs matières grasses.

Il n'est pas du tout sûr, en effet, que dans beaucoup de cas les différences de poids constatées ne soient point dues à la dessiccation qui s'est nécessairement produite durant les huit jours que les échantillons sont demeurés exposés à l'air du laboratoire, après avoir été plongés dans le mélange qui devait dissoudre leur suint. Ils avaient été pesés auparavant dans un état un peu humide, vingt-quatre heures seulement après leur lavage à l'eau. Les très-faibles différences de poids constatées dans quelques cas autoriseraient à le penser. Il eût été bien facile, d'ailleurs, de s'en assurer, en dégraissant complétement les échantillons par le procédé plus efficace suivi dans les fabriques de tissus de laine, ainsi que l'a fait M. Chevreul pour ceux qu'il a bien voulu examiner. Je n'ai pas cru que cela pût avoir une utilité réelle, les propriétés que la laine tire du suint tenant beaucoup plus à sa qualité qu'à sa quantité, et le toucher étant, à cet égard, plus efficace que l'analyse chimique.

Ce qui serait intéressant, à mon avis, c'est la détermination comparative de la densité du suint et, par conséquent, son analyse immédiate. Je ne doute point, pour mon compte, que la moindre perte éprouvée par les laines de sujets précoces, lors du lavage à l'eau, ne soit plutôt due à la présence, dans ces laines, d'un suint peu dense, qu'à celle d'une moindre proportion de suint. L'observation directe me paraît le prouver, et il me semble que c'est là un des cas, assez rares du reste, en ce qui concerne la technologie de la laine, où elle ne serait point démentie par l'analyse scientifique.

Autrement significatifs sont, pour le problème que nous étudions, les résultats de mensurations consignés dans les tableaux. Dans notre travail, le reste, à vrai dire, n'a été que préparatoire ou fort accessoire. Ici, nous avons tout ce qu'il faut pour nous conduire à la solution de ce problème, qui intéresse à la fois la science abstraite et la pratique, et nous pouvons présenter ces résultats comme étant à l'abri de toute critique, sous le rapport de l'exactitude et de la précision. La discussion des nombres constatés offre donc à cet égard un très-grand intérêt.

En comparant d'abord les longueurs de mèche aux longueurs de brin étendu, nous aurons une idée suffisante de la frisure, du moins quant au nombre des ondulations et à l'acuité des angles de cette frisure. C'est là un point auquel on a longtemps accordé, dans la technologie de la laine, une importance aujourd'hui considérée à juste titre comme fort exagérée, en raison des progrès réalisés dans le travail mécanique des filatures. L'invention de la peigneuse a, sur ce point, changé toutes les conditions techniques. On admettait que le diamètre du brin, ou ce qu'on appelait sa finesse, était en raison du nombre des courbes de frisure pour une longueur déterminée. Des instruments ont été inventés pour les compter. Ces instruments sont maintenant relégués dans nos musées, à titre de curiosités historiques. Personne, aujourd'hui, parmi les hommes au courant des progrès de la science, n'admet plus cela, qui était fondé sur l'observation exclusive des anciens mérinos, chez lesquels il y avait, en effet, le plus souvent coïncidence entre les deux faits. L'examen des laines dites soyeuses, notamment, a beaucoup contribué à détruire à cet égard le préjugé empirique. Les nombres de nos tableaux lui porteraient le dernier coup, s'il en était besoin, car leur discussion va montrer une fois de plus que ces deux faits ne sont point nécessairement liés.

On croyait aussi que les laines les plus courtes étaient toujours les plus frisées, c'est-à-dire que moins la mèche de la toison était longue, plus il y avait de courbures opposées dans l'étendue de chacun des brins qui la composaient. Nous allons voir que c'est encore là une croyance erronée, à laquelle il faut renoncer, ainsi qu'à la synonymie qui en était la conséquence, entre les deux expressions de laine courte et de laine frisée.

La longueur réelle du brin, quelle qu'elle soit, n'apporte absolument aucune modification dans sa forme. Celle-ci dépend, non point de cette même longueur, due à l'activité plus ou moins grande du bulbe pileux qui produit les cellules épidermiques constituantes du brin de laine, mais bien seulement de la forme du follicule, sorte de filière par laquelle ce brin s'échappe de la peau. Cette forme, de son côté, dépend à la fois de l'espèce et de l'individualité du mouton. Elle est un des attributs de sa caractéristique zoologique. Elle varie dans de certaines limites, mais sans changer, pour cela, de caractère essentiel dans la plupart des cas. L'apparition accidentelle d'individus à laine faiblement ondulée et soyeuse, dans les troupeaux de mérinos, qui donna lieu, à Mauchamp, à la création d'une variété par sélection continue, peut être considérée comme une très-rare exception. En général, la laine de mérinos est facilement reconnaissable à la régularité des courbes opposées de sa frisure.

Nous avons ici, pour discuter l'influence de la précocité sur le caractère de la laine dont il s'agit, d'excellents termes de comparaison, qui nous sont fournis, d'un côté, par les laines de Rambouillet ; de l'autre, par les laines coloniales. Quelques-uns des échantillons de ces dernières peuvent compter au nombre des mèches les plus courtes.

Le n° 21 a 55^{mm} de longueur de mèche et 113^{mm} de longueur de brin; donc, une différence de 58^{mm}, ou 51 pour 100 de frisure.

Le n° 22 a 60^{mm} de mèche et 106 de brin; différence, 46^{mm} ou 43 pour 100.

Le n° 21 est donc beaucoup plus frisé que le n° 22, ou, en d'autres termes, les courbes sont beaucoup plus nombreuses dans l'unité de longueur. Pourtant, les deux sujets qui ont fourni les échantillons étaient du même troupeau de Rambouillet; ils avaient été soumis aux mêmes influences et peut-être même étaient-ils très-proches parents. Cela suffirait pour montrer que les différences de ce genre sont purement individuelles. C'est un point sur lequel nous reviendrons, parce qu'il est très-important, eu égard aux règles qui doivent être suivies dans l'amélioration des troupeaux au point de vue de la laine. Mais je veux tout de suite faire voir, à l'aide de ces premiers faits, qu'il n'y a point de rapport nécessaire entre la finesse du brin de laine et sa frisure. L'erreur de l'ancienne croyance empirique est ici évidente, car le brin le plus frisé est précisément celui dont le diamètre est le plus fort. Nous avons, en effet, 2.75 avec 51 pour 100 de frisure, et 2.58 seulement avec 43 pour 100.

Le n° 51, de Port-Philippe, a 50^{mm} de mèche et 100^{mm} de brin, ou 50 pour 100 de frisure.

Le n° 52, de même provenance, à 70^{mm} de mèche et 140^{mm} de brin, ou également 50 pour 100.

Le n° 53, encore de même provenance, a 50^{mm} de mèche et 110^{mm} de brin, ou 54 pour 100.

Le n° 54, d'Adélaïde, a 80^{mm} de mèche et 114^{mm} de brin, ou 30 pour 100.

Le n° 55, d'Adélaïde aussi, a 80^{mm} de mèche et 110^{mm} de brin, ou 27 pour 100.

Le n° 56, de la Nouvelle-Zélande, a 70^{mm} de mèche et 91^{mm} de brin, ou 20 pour 100.

Le n° 57, de la Nouvelle-Zélande aussi, a 80mm de mèche et 153mm de brin, ou 47 pour 100.

Le n° 58, de la Nouvelle-Zélande encore, a 80mm de mèche et 116mm de brin, ou 31 pour 100.

Le n° 59, d'Australie, a 90mm de mèche et 130mm de brin, ou 31 pour 100.

Enfin, le n° 60, de même provenance, a 50mm de mèche et 73mm de brin, ou 31 pour 100 de frisure.

Il est facile de voir, par ces nombres, que les variations observées ne se produisent dans aucun sens déterminé. Elles se maintiennent entre les limites extrêmes et très-éloignées de 20 et de 54 pour 100. On voit aussi qu'il n'y a point non plus de rapport nécessaire entre la longueur de la mèche et le nombre des courbes de frisure dans l'unité de cette longueur, puisque, des trois mèches également longues de 50mm, l'une est frisée à 54 pour 100, l'autre à 50 et la troisième à 31 pour 100 seulement; des quatre longues de 80mm, si trois ont des frisures assez semblables, la quatrième s'en écarte beaucoup, avec 47 pour 100, tandis que les autres n'ont pas plus de 31 pour 100; enfin, que pour une différence de 20mm dans la longueur de mèche, entre le n° 56 qui a 70mm et le n° 53 qui a 50mm, nous voyons une différence de frisure de 20 à 54 pour 100.

De tels faits, constatés sur des toisons de mérinos communs soumis à un régime identique, montrent jusqu'à l'évidence que les variations en question sont de l'ordre purement individuel et ne sont en aucune façon liées à ce régime. Par une sélection attentive on a pu, dans certains troupeaux de l'Allemagne, les faire disparaître, et nous aurons occasion d'examiner plus loin si le résultat vaut la peine qu'on se donne pour l'obtenir. Quant à présent, je veux seulement faire remarquer qu'il ne serait, d'après cela, point permis d'attribuer à l'influence de la précocité les variations dans le même sens qui peuvent se présenter sur les toisons des mérinos précoces. La raison déterminante nous en échappe encore, dans l'état actuel de la science. Il est certain seulement qu'elle tient à l'individualité, puisqu'elle agit de même dans les conditions les plus différentes, en Océanie comme en Europe.

Relevons maintenant à son sujet les nombres relatifs aux mérinos précoces.

Le nº	9 a 70mm	de mèche	et 101mm	de brin,	ou 30	pour 100	de frisure.
—	10 a 60	—	92	—	35	—	
—	11 a 60	—	82	—	24	—	
—	12 a 53	—	71	—	25	—	
—	13 a 85	—	135	—	37	—	
—	14 a 80	—	135	—	40	—	
—	15 a 55	—	73	—	24	—	
—	16 a 60	—	89	—	32	—	
—	17 a 55	—	100	—	45	—	
—	18 a 95	—	130	—	27	—	
—	19 a 75	—	108	—	30	—	
—	20 a 70	—	100	—	30	—	
—	23 a 80	—	140	—	43	—	
—	24 a 70	—	110	—	36	—	
—	25 a 80	—	115	—	30	—	
—	26 a 90	—	125	—	28	—	
—	27 a 90	—	120	—	25	—	
—	28 a 45	—	80	—	44	—	
—	29 a 60	—	80	—	25	—	
—	30 a 50	—	55	—	10	—	
—	31 a 80	—	120	—	33	—	
—	32 a 90	—	130	—	31	—	
—	33 a 90	—	113	—	20	—	
—	35 a 80	—	102	—	21	—	
—	36 a 85	—	120	—	30	—	
—	37 a 85	—	114	—	25	—	
—	38 a 80	—	111	—	28	—	
—	39 a 100	—	190	—	47	—	
—	40 a 120	—	181	—	34	—	
—	41 a 95	—	130	—	27	—	
—	42 a 90	—	125	—	28	—	
—	43 a 100	—	160	—	37	—	
—	44 a 80	—	117	—	31	—	
—	45 a 80	—	120	—	33	—	
—	46 a 114	—	165	—	31	—	
—	47 a 90	—	148	—	39	—	
—	48 a 85	—	123	—	31	—	
—	49 a 90	—	136	—	33	—	
—	50 a 90	—	140	—	36	—	

Il est évident, par les rapprochements entre les deux séries de proportions centésimales, que dans la dernière, concernant les mérinos précoces, le minimum n'est pas descendu plus bas que dans la première. Le maximum ne diffère guère; et, en définitive, dans le plus grand nombre des cas, les proportions sont sensiblement égales à celles qui se sont fait observer pour les mérinos communs des colonies anglaises. D'où la conclusion obligée que la précocité n'exerce aucune influence déterminée sur la frisure du brin, ou, plus généralement, qu'elle n'en modifie point la forme.

Nous avons aussi là de quoi contredire nettement l'opinion empirique sur le rapport de la frisure avec la longueur de la mèche, puisque le maximum de frisure s'y montre dans les mèches les plus longues, dans celles qui atteignent et dépassent une longueur de 100mm. Trois seulement sur les dix échantillons de laines coloniales ont des courbes plus rapprochées que celles du n° 39, et cela dans les faibles proportions de 3 à 7 pour 100.

Reste la donnée principale du problème, celle sur laquelle il existait, avant nos recherches, le moins de doute. Je veux parler des diamètres comparatifs des brins chez les deux variétés de mérinos, l'ancienne et la nouvelle.

Nous ne pouvons mieux faire, évidemment, que de prendre pour représentants de la pure souche mérine française les sujets nés dans le troupeau de Rambouillet. Nos tableaux contiennent trois numéros qui s'y rapportent, les nos 21, 22 et 34. Les deux premiers échantillons ont été pris sans choix, pour avoir la moyenne du troupeau; le troisième, au contraire, a été l'objet d'un choix très-attentif, de la part du propriétaire du bélier qui l'a fourni, celui-c ayant été acheté à Rambouillet en considération de la finesse de sa laine.

Le diamètre du n° 21 est 0mm.0275; celui du n° 22 est 0mm.0258; celui du n° 34, 0mm.0175.

Comparons avec ces diamètres, successivement, ceux des

laines des cinq districts français dont les mérinos dérivent de la souche de Rambouillet.

Pour les mérinos de la Beauce, dont les échantillons figurent dans nos tableaux sous les n°s 3 à 5, le diamètre maximum est $0^{mm}.026$ et le diamètre minimum $0^{mm}.023$. Ce dernier appartient à un sujet précoce.

Les échantillons du Gâtinais, n°s 9 à 12 ont au maximum $0^{mm}.026$ et au minimum $0^{mm}.0167$. Tous les sujets qui les ont fournis étaient précoces. Il en sera ainsi pour tous ceux qui vont suivre.

Les échantillons de la Brie, n°s 13 à 20 et 49 à 50, ont au maximum $0^{mm}.0258$ et au minimum $0^{mm}.0185$.

Les échantillons de la Champagne, n°s 23 à 30, ont au maximum $0^{mm}.0258$ et au minimum $0^{mm}.0208$.

Les échantillons du Châtillonnais (Bourgogne), n°s 31 à 32, ont $0^{mm}.266$ et $0^{mm}.025$.

Les échantillons du Soissonnais, les plus nombreux, n°s 33 à 48, ont au maximum $0^{mm}.0216$ et au minimum $0^{mm}.011$.

Sur les quinze échantillons du Soissonnais, dix ont un diamètre inférieur à $0^{mm}.02$. Deux seulement sont notés comme ayant opposé à la traction une résistance faible. Pour huit cette résistance a été très-forte, et forte seulement pour les autres.

De tels résultats, conformes, du reste, aux appréciations générales dont les laines du Soissonnais sont l'objet dans le commerce, où l'on estime leur finesse relative, leur nerf et leur douceur, montrent que la précocité des mérinos, plus étendue dans ce district que partout ailleurs, ne les a point fait déchoir de leur rang, acquis par l'habileté incontestable et incontestée des éleveurs. Ils font voir, avec une précision qui n'avait pas encore été atteinte, que sous ces divers rapports la réputation dont ils jouissent est justement acquise. Elle en reçoit une confirmation scientifique pleine et entière, qui la mettra désormais à l'abri de toute contradiction.

Mais, en outre, il est clair que dans aucun cas le diamètre des brins de laine provenant des mérinos précoces, à quelque district qu'ils appartiennent, même de ceux de la Beauce, qui passent avec raison pour les moins perfectionnés, ne s'est montré supérieur à celui des brins fournis par les mérinos de Rambouillet. Le maximum le plus élevé, chez les mérinos précoces, est $0^{mm}.0266$; chez ceux de Rambouillet, il est de $0^{mm}.0275$. Le minimum, chez ces derniers, ne s'est abaissé qu'à $0^{mm}.0175$; chez les premiers, il est descendu jusqu'à $0^{mm}.011$. En parcourant la colonne des tableaux où sont inscrits les nombres de divisions du micromètre, dont le moyenne indique le diamètre réel du brin, on ne pourra manquer d'être frappé de la régularité toujours plus grande qui se manifeste dans l'étendue des brins de la laine des sujets précoces.

Évidemment, d'après tout cela, personne ne pourrait plus, sans se mettre en pleine contradiction avec les faits, soutenir l'ancienne opinion d'Yvart, dont je rappelle les termes : « Lorsque les moutons sont nourris très-abondamment, la laine grossit. » Les moutons précoces dont il s'agit ici ne sont précoces que parce qu'ils sont, dès leur jeune âge, nourris *très-abondamment*, en conformité de la théorie du phénomène de la précocité, que j'ai fait connaître (1); et cependant nous venons de voir ce que montrent les mesures micrométriques de leur laine. Les résultats de ces mesures prouvent que toutes les laines de mérinos précoces étudiées sont restées au moins aussi fines que celles des mérinos de Rambouillet ; que celles des mérinos précoces du Soissonnais, en particulier, sont toutes considérablement plus fines que ces dernières et qu'elles le sont au moins autant que celles des mérinos des colonies anglaises de l'Océanie, qui, en leur qualité de moutons de parcours, ne sont point nourris « très-abondamment, » mais étant exploités principalement, sinon exclusivement, pour leur laine, sont reproduits

(1) Voy. André Sanson, *Mémoire sur la théorie du développement précoce des animaux domestiques*. Dans *Journal de l'anatomie et de la physiologie* de Ch. Robin, 1872.

à l'aide de béliers choisis en ayant égard surtout à la finesse de leur toison.

Dans ces laines coloniales, en effet, le diamètre minimum n'est pas descendu au-dessous de 0^{mm}.015 et le diamètre maximum s'est élevé jusqu'à 0^{mm}.021.

Dans celles du Soissonnais, le diamètre, ainsi que nous l'avons déjà fait remarquer, s'est abaissé jusqu'à 0^{mm}.011 et ne s'est pas élevé au-dessus de 0^{mm}.0216.

Il est donc expérimentalement démontré que l'alimentation, quelle que soit son abondance et quelle que soit aussi sa qualité, reste sans influence aucune sur le diamètre du brin de laine ; que la laine ne grossit point par une nourriture très-abondante et qu'elle ne « s'affine » pas davantage dans le cas contraire. C'est, du reste, ce que la connaissance physiologique du mode de production du brin de laine permettait de prévoir. L'alimentation ne peut rien changer au diamètre même du conduit du follicule pileux, dont dépend celui du brin auquel ce conduit sert de filière, diamètre qui dépend, de son côté, du nombre de follicules présents par millimètre carré de la surface de la peau. Ce nombre est un des attributs de l'individualité, et c'est un attribut purement héréditaire.

Mais, s'il en est ainsi, la précocité du développement corporel n'a-t-elle donc absolument aucune influence sur les qualités de la toison ? Nous avons vu qu'elle ne change rien ni à la forme ni au diamètre du brin. Il nous reste à examiner s'il en est de même pour sa longueur. Les résultats consignés dans nos tableaux nous permettent de discuter la question. Les recherches ont été poursuivies aussi dans cette direction. Comparons encore ces résultats comme nous l'avons fait pour les autres.

Le minimum de longueur de brin, dans les échantillons de laine de Rambouillet, a été 0^{m}.106, et le maximum 0^{m}.113.

Dans les laines coloniales, le minimum a été 0^{m}.073, et le maximum 0^{m}.153.

La longueur des brins, chez les mérinos non précoces, a donc varié entre $0^{m}.073$ et $0^{m}.153$.

Chez les mérinos précoces, en laissant de côté les agneaux (ce qui sera trouvé juste en pareil cas), la longueur ne s'est pas abaissée au-dessous de $0^{m}.10$ et elle s'est élevée jusqu'à $0^{m},19$. En parcourant la colonne correspondante de nos tableaux, on verra tout de suite que, dans le plus grand nombre des cas, cette longueur a dépassé $0^{m}.12$.

Il est, par conséquent, évident que les toisons des mérinos précoces sont toujours plus longues que celles des autres mérinos.

On n'aura pas de peine à le comprendre en songeant que la quantité de substance laineuse produite, dans l'unité de temps, est nécessairement en raison de l'activité de la nutrition du bulbe laineux, qui est elle-même en raison de l'abondance de l'alimentation.

La discussion achevée sur les divers points que nous avons passés en revue, je désire, maintenant, comparer nos mérinos français en général, et nos mérinos précoces en particulier, avec ceux de l'Allemagne.

Dans le rapport qu'il fit après avoir visité l'Exposition universelle de 1867, à Paris, Settegast, directeur de l'Académie agricole de Proskau, en Silésie, constatant d'abord la tendance qui a surtout prévalu chez les éleveurs allemands à produire la laine qu'ils appellent noble (*edle*), tandis que les français ont principalement cherché, d'après lui, à créer un mérinos de forte corpulence, de poids considérable, plus approprié à la boucherie, s'exprime ensuite ainsi :

« De cette divergence, dit-il, il est résulté ceci : c'est que, si les laines françaises ne peuvent rivaliser avec les laines mérinos allemandes sur le terrain de la draperie, elles se sont, néanmoins, créé des débouchés avantageux, par suite de la demande, toujours croissante pour les laines de peigne. Sur ce terrain nouveau, l'avantage est manifeste, car l'Allemagne et l'étranger ne produisent encore que fort peu de laines de peigne, tandis que le goût du public, se dessinant de plus en plus en faveur des étoffes façonnées, au détriment des étoffes foulées et feutrées, rend la consommation de ces laines de plus en plus active. Plus apte à satisfaire à ces besoins, la race de Rambouillet présente une perspective de rendements progressifs qui ne peut que justifier les préférences que lui accordent les éleveurs français dans les conditions économiques où ils se trouvent placés. »

Settegast indique ensuite le mouvement d'attention qu'ont excité, il y a quelques années, parmi les éleveurs allemands, les mérinos de Rambouillet, après qu'on les eut remarqués dans quelques expositions internationales, et il fait ressortir leurs avantages. Puis il ajoute : « A côté de ces avantages, les juges compétents découvrirent bien des défectuosités et des imperfections dans les mérinos français. Si leur corps était massif et lourd, les proportions manquaient de cette harmonie et de ces dispositions spéciales qui distinguent les races de boucherie anglaises, telles que les southdowns, les lincolns, les leicesters, etc. Sans doute, la laine était propre au peigne, mais elle n'avait pas cette qualité maîtresse, cultivée avec prédilection par les éleveurs allemands pendant un demi-siècle, que nous nommons la *noblesse du brin*. Néanmoins, quand, au lieu de s'arrêter à l'ensemble des animaux, on étudiait les individus, on y découvrait des nuances de finesse susceptibles de répondre à des exigences plus sévères. On se disait, en outre, que la race électorale de Saxe, que la toison d'or de Silésie, que le négretti de Mecklembourg n'étaient plus en rapport avec les besoins économiques modifiés. On comprenait la nécessité de créer un animal plus pesant, plus apte à l'engraissement, et on répugnait à abandonner le mérinos, d'autant plus que les races de boucherie anglaises ne réussissaient que dans très-peu de cas à compenser d'une manière satisfaisante les frais de nourriture. Toutes ces considérations mûrement pesées, on se décida à adopter les mérinos de Rambouillet, qui, dans ces derniers temps, se répandirent promptement en Allemagne, surtout en Poméranie et en Prusse. On y organisa des bergeries où l'on réunit à grands frais les sujets les plus distingués que l'on put se procurer en France. Ces établissements firent d'excellentes affaires, car les béliers mis en vente atteignirent des prix très-élevés.

« Ce qui vient d'être dit montre avec quelle attention les agriculteurs qui visitaient l'exposition de 1867 et la France ont dû s'occuper des moutons de Rambouillet. Que les impressions aient été diverses, que les rapports sur les observations recueillies ne s'accordent pas toujours, c'est ce dont on ne s'étonnera pas en songeant que les intérêts des observateurs étaient différents. Mais, si on veut porter un jugement impartial, on est autorisé à dire que :

« La culture de la laine proprement dite est médiocre en France, elle laisse aux Allemands qui voudront entreprendre l'élève des mérinos rambouillets une marge immense où ils pourront exercer leur génie. La laine manque de noblesse et, chez la plupart des individus, elle montre une tendance inquiétante à s'emmêler. Souvent aussi son caractère n'est pas assez marqué. Mais tous ces défauts disparaîtront bien vite sous la main habile de l'éleveur allemand.

« D'un autre côté, on ne peut nier les qualités des laines actuelles de Rambouillet. Ces qualités sont : longueur, qui les rend susceptibles d'être peignées ; souplesse ; joli brillant ; force généralement satisfaisante ; quantité de laine assez proportionnée aux dimensions de l'animal ; enfin, suint de bonne nature et pas trop abondant (1). »

Un tel jugement, de la part de Settegast, peut être, en somme, considéré comme très-favorable, étant donnée la modestie prussienne, qui se traduit si bien dans le passage où il est question du génie des Allemands et de l'habileté des éleveurs capables de faire disparaître les défauts des mérinos français. Mais il est clair que, modestie à part, pour

(1) Traduction de Jules Laverrière. Annexe au *Rapport sur la laine et sur ses produits manufacturés*, de E. R. Mudge, p. 184 et suiv.

formuler son jugement, le directeur de Proskau s'est plutôt inspiré des mérinos français introduits en Allemagne et choisis par des Allemands, que de ceux qu'il aurait pu voir à l'Exposition universelle, parmi lesquels s'en trouvaient bon nombre de fort remarquables appartenant à notre variété précoce.

Chez ceux-ci, en effet, les proportions ne manquaient point et manquent aujourd'hui moins que jamais « de cette harmonie et de ces dispositions spéciales qui distinguent les races de boucherie anglaises, telles que les southdowns, les lincolns, les leicesters, etc. » On peut dire même qu'ils leur sont supérieurs, eu égard particulièrement aux « dispositions spéciales » ou plus clairement à l'aptitude comme producteurs de viande, car ils fournissent une plus forte proportion de la viande de meilleur goût, ainsi que nous l'établirons plus loin.

Mais les appréciations de Settegast, la principale autorité de l'Allemagne en fait de bêtes à laine, sont particulièrement marquées au coin du préjugé qui domine, en son pays, la technologie de la laine (*Wollkunde*), et qui concerne cette chose empirique et indéfinissable que les éleveurs appellent noblesse du brin. W. von Nathusius (1) lui a porté un coup dont il y a lieu de croire qu'il ne se relèvera pas. En introduisant dans l'étude des laines les méthodes et les procédés précis de la science, il a montré aux éleveurs de son pays l'intérêt qu'ils ont à renoncer aux vieilles habitudes de jugement qui les guident dans l'appréciation des toisons.

On se demande, en effet, ce qui peut manquer, au point de vue pratique, à une laine dont il est permis de dire qu'elle a de la souplesse, un joli brillant et une force généralement satisfaisante, surtout lorsqu'à cela se joint la longueur qui la rend susceptible d'être peignée, ce qui en est la qualité la plus recherchée aujourd'hui, d'après les nouveaux besoins de l'industrie, signalés par l'auteur lui-même.

(1) *Das wollhaar*, etc., loc. cit.

Si, par l'expression de *laine noble* (*edle Wolle*), on voulait désigner une laine superfine, cela se comprendrait. Mais les laines ainsi qualifiées en Allemagne ne sont point celles dont le diamètre du brin est toujours le plus petit, ainsi que les résultats constatés par W. von Nathusius vont nous le montrer.

Nous empruntons aux tableaux synoptiques contenus dans son ouvrage déjà cité les nombres suivants :

N° 14, brebis mérinos de la haute Silésie, très-distinguée. Longueur de mèche, 40,5; longueur du brin étendu, 64,3; diamètre, 2,7 à 1,8.

N° 15, bélier mérinos de la haute Silésie, très-distingué (laine de carde). Longueur de mèche, 22,75; longueur du brin, 41; diamètre, 2,9 à 1,4.

N° 17, laine la plus noble de mérinos de Saxe. C'est, dit l'auteur, un échantillon extraordinairement beau, d'un des plus anciens et des plus renommés troupeaux de la Saxe, entretenu comme modèle de laine noble. Longueur de mèche, 32; longueur du brin, 62,95; diamètre, 2,19 à 1,31.

En rapprochant ces nombres de ceux qui résultent de nos propres recherches, et particulièrement de ceux qui concernent les mérinos précoces du Soissonnais, les plus lourds de tous les mérinos français, on s'apercevra facilement que parmi ces derniers la plupart portent une laine plus fine que celles réputées en Allemagne les plus nobles et les plus distinguées.

Ce n'est point l'homogénéité des brins qui fait la laine réputée noble, puisque nous y voyons, dans les diamètres, des écarts de 2,7 à 1,8; de 2,9 à 1,4; de 2,19 à 1,31. Il n'y en a point d'aussi grands dans les laines françaises étudiées par nous. Quant à la frisure, si elle est de près de 50 pour 100 dans l'échantillon allemand n° 17 et dans le n° 15, elle n'est plus que de 37 pour 100 dans le n° 14. Ces proportions se sont montrées très-communes chez nos laines françaises.

Celles-ci ne diffèrent donc des allemandes que par la plus

grande longueur de leur brin; ce qui ne peut pas être pris, en vérité, pour un caractère d'infériorité. Le prétendu caractère noble sur lequel Settegast engage ses compatriotes à exercer leur génie ne peut donc s'entendre que de ce qui fait les laines courtes ou laines de carde.

La production de ces laines est un champ sur lequel les éleveurs français avisés ne leur feront point concurrence. On a chez nous, maintenant, en zootechnie, des idées plus saines. Les laines qu'on préfère produire sont celles qui se vendent le mieux et le plus cher, sans se préoccuper autrement de leur prétendue noblesse. Le sens pratique des Allemands ne tardera sans doute point à les entraîner dans la voie nouvelle que nous leur avons ouverte encore une fois, en créant notre variété de mérinos précoces. Nos éleveurs de béliers peuvent compter qu'ils les auront de nouveau pour acheteurs, car la recherche de « la noblesse » n'ayant plus qu'un intérêt traditionnel et purement dogmatique, ils iront, eux aussi, du côté où se trouvent les bénéfices les plus grands.

Or il n'est pas difficile d'établir, d'après les faits, que c'est vers les mérinos précoces qu'il faut marcher pour y arriver.

VI. — Valeur économique des mérinos précoces.

Nous avons demandé aux propriétaires des troupeaux dans lesquels nos échantillons de laines ont été pris de vouloir bien nous donner les renseignements nécessaires pour dresser le compte du rendement en argent des animaux que nous étudions. On sait que là est notre unique criterium, pour juger de la valeur comparative des entreprises zootechniques, le but de ces entreprises ne pouvant pas être pratiquement autre que d'accroître le capital de l'exploitant. Il faut renoncer, en ces matières, aux dissertations esthétiques, pour s'en tenir aux constatations de la comptabilité rigoureusement exacte.

Tous se sont prêtés à notre désir avec une obligeance dont nous nous plaisons à les remercier ici. Nous allons reproduire textuellement les lettres et les notes qui contiennent ces renseignements, afin de faire confirmer ainsi les détails puisés de vive voix sur les lieux mêmes, lors de nos visites des troupeaux avec nos élèves de Grignon.

M. Roger, de Thierville (Eure-et-Loir), écrivait à la date du 6 août 1872 :

Poids moyen de mes laines mères (brebis)......	6	kilog. (1)
— des béliers........................	10	—
— des agneaux......................	2	—

« Je n'ai pas encore vendu mes laines, mais l'on m'en offre 2 fr. 70 le kilog. La laine d'agneau au même prix.

« Poids vivant de mes bêtes :

Agneaux béliers de 6 mois..............	45	kilog.
Béliers de 18 mois......................	100	—
Béliers de 30 mois......................	120	—
Agneaux femelles de 6 mois.......... ...	30	—
Brebis de 18 mois......................	50	—
Brebis..................................	70	—

On voit que les mérinos de M. Roger sont des animaux volumineux et très-lourds, et qu'ils produisent des toisons d'un fort poids. Au cours de l'année 1872, celles-ci valaient, pour les brebis, 16 fr. 20 par toison, et pour les béliers 27 francs.

M. le Dr Noblet écrivait, de son côté, de Château-Renard (Loiret) le 4 août 1872 :

« 1° Le poids des toisons varie, chaque année, cela dépend de l'état des animaux et de l'époque où ils sont tondus.

« Cette année, j'ai fait tondre de très-bonne heure, dans les premiers jours de juin, et les toisons qui auraient pu atteindre le poids de 4k.50 et même 5 kilog. n'ont été, en moyenne, que de 4 kilog. pour les mères et les agnelles de

(1) Il s'agit, bien entendu, des laines en suint.

quatorze mois. Celui des béliers est, en moyenne, de 7k.500.

« 2° Le prix de vente varie également. Cette année, j'ai vendu 2 fr. 30 le kilog, en suint, bien entendu.

« 3° Le poids de la moyenne des agneaux tondus en juin, même époque que les mères, n'a été que de 1 kilog. par tête, et ces agneaux sont nés du 20 février au 30 mars.

« 4° Le prix de ces dernières laines est compris avec celui des mères. Si on les vendait à part, la différence serait d'un tiers en plus. »

On se demandera, dès lors, pourquoi M. Noblet ne les vend pas à part. Quoi qu'il en soit, son troupeau de mères, qui appartient à la catégorie des plus petits mérinos français, lui a produit, en 1872, une valeur de 9 fr. 20 par toison, ses béliers une de 17 fr. 20.

M. Paul Delamarre, de Seine-et-Marne, nous a envoyé, le 14 août de la même année, la lettre suivante, qui est plus complète :

« Veuillez m'excuser si j'ai tardé aussi longtemps à vous donner les renseignements que vous me demandez. Nous sommes très-occupés, en ce moment, à nos travaux de la moisson qui n'est pas encore terminée. Je vous dirai que je suis bien heureux de trouver en vous un sérieux défenseur de la race mérinos améliorée et non dégénérée (1). Lors de votre visite à Eprunes avec les élèves de l'école, je vous ai déjà donné quelques renseignements qu'il me sera plus facile de compléter aujourd'hui, tous mes animaux gras, agneaux et brebis, étant livrés à la boucherie, pesés et l'argent encaissé.

« 1° Je commencerai donc par les brebis ayant élevé leurs agneaux et mises à l'engraissement. Il y avait un cent

(1) M. Delamarre fait allusion à la thèse que soutiennent encore, dans son district, quelques anciens éleveurs de mérinos, préoccupés, comme l'Allemand Settegast, de ce qu'ils considèrent comme la noblesse de la race à laine fine, et qui sont convaincus que les animaux sont dégénérés quand ils n'ont plus de plis à la peau.

de brebis de rebut qui ont été tondues de très-bonne heure (au 15 février), pour tirer la laine avant de les livrer à la boucherie. On en a obtenu 4k.500 de laine par tête et elles ont donné les rendements suivants :

Poids vif, 71 kilog. (36 à 37 kilog. de viande nette), vendus à raison de 80 cent. le kilog. de poids vif..................	60f.35
4k.500 de laine, vendus 2 fr. 80 le kilog....................	12 60

« Les agneaux de ces mêmes mères étaient vendus à 9 mois et rapportaient :

Poids vif moyen, 56 kilog. à 90 cent. le kilog...	50f.45	
Laine, 2k500 à 3 fr. 30 le kilog..................	8 25	
Total........................	58 f. 70	58 70
Soit, pour la mère et son agneau..................		131 f. 65

« 2° Béliers à 18 mois :

Poids de la toison..................	6k.250
Poids vif...........................	90 à 100 kilog.

« 3° Mères :

Poids de la toison..................	5 kilog.
Poids vif...........................	65 —

« 4° Gandines (antenaises) :

Poids de la toison..................	5k.250
Poids vif...........................	57 kilog.

« 5° Agneaux gris (6 mois) :

Poids de la toison..................	2k.250
Poids vif...........................	40 kilog.

« Voilà, monsieur, tous les renseignements que je puis vous donner. Vous avez, du reste, vu le troupeau, et les notes que vous avez prises et que vous m'indiquez sur votre lettre me paraissent exactes. »

En résumé, les laines de M. Delamarre, vendues en 1872 à raison de 2 fr. 80 le kilog., ont produit, pour les béliers de 18 mois, 17 fr. 50 par toison ; pour les mères, 14 francs;

pour les antenaises, 14 fr. 70; et, pour les agneaux, 8 francs 25.

On a vu que les mères, laine et viande, avaient produit en tout 72 fr. 95 et les agneaux 58 fr. 70.

M. Lefèvre, à la date du 30 juillet, écrivait, de son côté, de la ferme des Aulnois, dans le même département de Seine-et-Marne :

« Je m'empresse de vous donner exactement, sur mon troupeau, les renseignements que vous me demandez.

« Les toisons, cette année, ont pesé seulement 4k.800 l'une, au lieu de 5k.500, poids habituel. Cette différence de poids tient à l'absence de bêtes de 20 mois et de brebis n'ayant pas élevé. A cause de la rareté du bétail, j'ai fait venir des agneaux à trois époques; les cinq sixièmes des bêtes à toison avaient donné un agneau.

« En outre, cette laine, très-propre, a été vendue 2 fr. 65 le kilog. après le feu des premières offres.

« Les bêtes avaient de 2 ans 6 mois à 5 ans 6 mois et pesaient, en moyenne, 65 kilog.

« Sur les premiers agneaux venus en septembre, 18 inférieurs ont été vendus, à 5 mois 15 jours, 30 fr. l'un; 158 tondus à 8 mois ont donné 325 kilog. de laine bien conditionnée et vendue, après l'établissement d'un cours modéré, 3 fr. 50 le kilog.

« Le poids moyen de ces agneaux, à 8 mois et en laine, était de 42 à 45 kilog.

« Permettez-moi d'ajouter quelques observations relatives à la race mérinos.

« Les moutons à laine fine peuvent être d'un entretien facile si on s'attache à avoir des bêtes bien conformées. Avec une bonne taille et une mèche bien montée on aura de la laine en suffisante quantité et plus recherchée que si l'animal porte trop à la peau (1).

(1) M. Lefèvre se sert ici des expressions usitées dans l'ancienne pratique des éleveurs de mérinos et subit encore, malgré lui, l'influence des opinions reçues, de même que dans la phrase qui va suivre.

« L'engraissement, un peu moins précoce que dans les races anglaises *bien choisies*, est certain et peu dispendieux. Il peut se faire à tout âge, mais plus facilement, soit dans les 10 premiers mois, en soignant bien les agneaux, soit à 2 ans et demi.

« Un bon mérinos, à cet âge, à des prix ordinaires, rapporte sans dépense supplémentaire :

1° Laine d'agneau............	5 fr.
2° Deux toisons..............	25 —
3° 30 kilog. de viande nette....	50 —
Total.................	80 fr.

Il y a, dans ces dernières lignes, une appréciation que les faits constatés dans le troupeau même de M. Lefèvre réfutent complétement. Les sujets âgés de 20 mois que nous y avons vus avaient déjà 4 dents d'adulte. On ne connaît aucune race anglaise qui en fournisse de plus précoces. Quant à leur développement et aux formes de leur corps, ils pourraient sans dommage subir la comparaison avec les plus beaux troupeaux, soit en Angleterre, soit en France; car il est bon de remarquer que les bêtes de concours fortement engraissées, qu'on a coutume de voir surtout, ne représentent point la moyenne de ces troupeaux. Et nous avons encore mieux à signaler que les bêtes de M. Lefèvre.

Quant à ces dernières, nous constatons que, d'après son estimation très-modérée, elles ont créé en 30 mois une valeur de 80 fr. et que les toisons ont produit réellement, en 1872, une moyenne de 13 fr. 50 par toison.

M. Paul Bataille, à Passy-en-Valois (Aisne), m'a envoyé, sur ma demande, à la date du 9 novembre 1874, les poids suivants, pour les diverses catégories de son troupeau :

Moutons prenant trois ans...........	81k.400
Antenaises...........................	60.900
Brebis nourrices.....................	69.700
Agnelles.............................	56.400

Le poids moyen des toisons est de 6 kilog.

Par l'intervention obligeante de mon élève M. Gadret, les bêtes du troupeau de M. Duclert, à Edrolles (Aisne), ont été pesées le 1er novembre 1874. On a obtenu les moyennes suivantes :

Béliers agneaux gris (12 mois)	75	kilog.
— de 2 et 3 ans	100	—
Brebis antenaises	65	—
— mères	70	—

663 toisons ont été vendues à la suite de la tonte de l'année. Elles ont produit 4,080 kil., soit 6k.184 par toison, et, à raison de 2 fr. 75 le kilog., 17 fr. par toison.

Dans le troupeau de M. Conseil-Lamy, à Oulchy-le-Château (Aisne), on a obtenu :

Béliers agneaux gris (12 mois)	65	kilog.
— antenais (2 ans)	80	—
— 3e âge, moyenne	90	—
Brebis, moyenne	65	—

Les laines de 1874, tondues 28 jours avant l'époque ordinaire, ont été vendues en bloc à raison de 15 fr. par toison. Les toisons étaient au nombre de 847. Leur poids moyen était de 6 kilog.

Il a été livré 268 toisons d'agneaux, pesant 536 kilog., à raison de 3 fr. le kilog., soit 6 fr. par toison.

Il a été vendu 60 antenaises de 20 mois à raison de 42 fr. 50 l'une, et des vieux béliers revenant de la lutte, à raison de 50 fr. pièce.

Dans le troupeau de M. Hutin, à Lessart (Aisne) :

Les béliers ont pesé, en moyenne	85	kilog.
Les brebis ont pesé, en moyenne	65	—

Le poids moyen des toisons a été de 6 kilog.

On voit, par ces nombres, que, dans les troupeaux du Soissonnais, le poids moyen général des toisons est de 6 kilog. et que leur valeur ne descend guère au-dessous de 15 fr. Quant au poids de viande produit par tête, un fait que nous avons constaté, cette même année, avec nos élèves, chez M. Boulanger, à Montigny-l'Engrain, l'un des plus forts engraisseurs du Soissonnais, en donnera une idée exacte. Au moment de notre visite, dans les premiers jours de juin, son opération touchait à la fin, les pulpes de Betteraves étant épuisées. Deux de ses bergeries contenaient encore des moutons qui étaient des mérinos achetés dans les troupeaux des environs de Montigny-l'Engrain. Le poids moyen, constaté le jour même, était, pour l'une des bergeries, de 80 kilog. par tête et, pour l'autre, de 90 kilog. La plupart des sujets eussent supporté sans peine la comparaison avec des leicesters sous le rapport de la conformation et ils avaient, en outre, encore des dents de lait.

Ce fait atteste mieux que toutes les dissertations possibles l'état de précocité des mérinos du Soissonnais.

Du reste, au sujet de cette question de précocité, nous avons d'autres faits à signaler.

Nous avons fait peser sous nos yeux, dans l'un des derniers jours du mois de mai 1872, à Château-Renard, en présence de nos élèves, un jeune bélier mérinos et un jeune bélier dishley-mérinos du même âge. Les deux individus avaient le même nombre de dents d'adulte (quatre), et ils avaient été soumis au même régime. Ils ont pesé, l'un et l'autre, 68 kilog., exactement le même poids. Dans ce cas particulier, les deux animaux n'étaient ni plus ni moins précoces l'un que l'autre, quant à leur développement.

Chez M. Lefèvre lui-même, où les mérinos donnent à 2 ans et demi, « sans dépense supplémentaire, » c'est-à-dire sous l'influence du régime alimentaire commun au troupeau, 30 kilog. de viande nette en moyenne, on obtient un résultat que les southdowns, par exemple, ne surpassent nulle part en France.

Chez M. Delamarre, les brebis grasses ont pesé 71 kilog. poids vif, après trois mois d'engraissement; c'étaient des bêtes de rebut ayant élevé leurs agneaux.

Chez M. Roger, chez M. Bataille, chez M. Duclert, les

brebis pèsent 70 kilog. et les béliers de 90 à 100 kilog. Les antenais eux-mêmes pèsent de 80 à 100 kilog. Il n'y a pas de leicesters qui dépassent ces poids aux-mêmes âges, quand on les prend ainsi dans l'ensemble d'un troupeau.

Les mérinos de la nouvelle variété sont, par conséquent, au moins égaux aux bêtes anglaises améliorées ou perfectionnées, en leur qualité de producteurs de viande. Et nous ne parlons, en ce moment, que de la quantité. Je ne pense pas que l'on puisse citer en France une opération zootechnique entreprise sur des moutons d'origine anglaise, dont le compte donne des résultats supérieurs à ceux qu'indiquent MM. Lefèvre et Delamarre, rien que pour ce qui concerne le produit en viande. Ainsi qu'on l'a vu, il ne s'agit pas ici de comptabilité fictive, fondée sur des évaluations arbitraires ou seulement approximatives. Il est question d'opérations réelles, dont le produit en argent a été encaissé, comme le dit M. Delamarre. Chez ce dernier, les mères engraissées ont été vendues sans laine 60 fr. 35 et les agneaux à 9 mois, également sans laine, 50 fr. 45 ; chez M. Lefèvre, les agneaux, à 5 mois et demi, ont rapporté 30 fr. l'un, et ils étaient inférieurs.

Un producteur de moutons, M. Fagot, cultivateur à la Haute-Maison (Ardennes), qui exploite les métis dishley-mérinos, avait entrepris d'établir (1) la supériorité de ceux-ci sur les mérinos précoces, dont il m'avait entendu faire ressortir les avantages dans une de mes conférences du concours régional de Langres, en 1873. Je n'ai pas eu de peine à réfuter ses arguments.

Dépouillés de leurs accessoires superflus, ces arguments se réduisaient à ceci, que chez M. Fagot, les métis dishley-mérinos produisent 22k.500 de viande nette en 14 mois, tandis que les purs mérinos ne produisaient auparavant qu'en 18 mois et demi cette même quantité de viande.

On ne pouvait pas contester à M. Fagot la supériorité

(1) *Journal de l'agriculture*, 1873, t. IV, p. 289.

attribuée par lui aux dishley-mérinos, dans son cas particulier. Mais il est trop évident, après ce qu'on a vu dans les pages précédentes, que ce cas n'avait rien de commun avec celui des mérinos précoces. Les poids que nous avons relevés dans les troupeaux constitués réellement avec la variété mérine dont il s'agit ne peuvent laisser aucun doute sur le peu de valeur de la prétention formulée en faveur des métis en question.

Chez M. Roger, le poids vif moyen des agneaux de 6 mois est de 45 kilog.

Chez M. Delamarre, il est de 40 kilog.

Chez M. Lefèvre, celui des agneaux de 8 mois est de 42 à 45 kilog.

Chez M. Bataille, il est, pour les agnelles, de 56 kilog.

Chez M. Duclert, les agneaux gris pèsent 75 kilog.

Chez M. Conseil-Lamy, ils pèsent, à 12 mois, 65 kilog.

Il n'est pas nécessaire de faire remarquer que le rendement des métis de M. Fagot dépasse à peine celui des plus jeunes, parmi les agneaux dont les poids viennent d'être relevés. Au même âge de 14 mois, les mérinos précoces rendent presque un tiers en sus. Si nous prenons les évaluations en argent, nous voyons que, d'après le compte de M. Fagot, ses métis dishley-mérinos créent en 14 mois une valeur de 59 fr. 72 (14 fr. 72 pour la laine + 45 francs pour la viande). Les agneaux de M. Delamarre, dont nous avons vu plus haut le compte réel, ont créé en 9 mois une valeur de 58 fr. 70, soit 1 fr. 02 en plus seulement du côté des métis, pour 5 mois de nourriture. Mais on ne doit pas omettre de signaler que dans son compte M. Fagot a porté la viande au prix de 2 francs le kilog., tandis que M. Delamarre a vendu ses agneaux sur le pied de 0 fr. 90 le kilog. et n'a obtenu que 8 fr. 25 pour la toison, tandis que M. Fagot la porte en compte à 14 francs, ce qui paraîtra peut-être un peu cher pour une toison de dishley-mérinos de 14 mois.

Sous ce rapport de la toison, ce n'est à coup sûr ni avec

les bêtes anglaises pures ni avec les métis dishleys qu'il y a lieu de comparer les mérinos précoces. La comparaison serait plus que superflue, aussi bien au point de vue de la quantité qu'à celui de la qualité. L'idée que ces mérinos puissent être inférieurs ne saurait venir à personne. Établir l'égalité sous le rapport de la production de la viande est suffisant pour qu'aussitôt devienne évidente financièrement la supériorité des mérinos.

J'ai fait, et depuis longtemps déjà publié (1), le calcul du rendement des toisons, dans la supposition où la région habitée par les mérinos, dans la moitié nord de la France, en serait exclusivement peuplée. Ce rendement, au cours d'alors, s'élevait à **153,000,000** de francs. J'avais pris, pour base du calcul, des poids de laine en suint que les nombres réels consignés plus haut viennent confirmer. Ce calcul était donc irréprochable. Il n'a point, d'ailleurs, été contesté. Je montrais, en même temps, que le seul fait de la substitution du southdown au mérinos, dans la région, aurait pour effet immédiat un déficit annuel de **108,000,000** de francs dans le revenu des troupeaux, en admettant l'égalité des deux races quant à la valeur de la viande. Cette égalité, les faits consignés ici la mettent en évidence. En conséquence, c'est à la toison des mérinos communs, ou envisagés spécialement comme producteurs de laine, qu'il convient de comparer celle de la variété précoce, au point de vue financier, comme nous l'avons déjà fait à l'égard de ses qualités physiques.

Nous prendrons, de nouveau, pour terme de comparaison le troupeau de Rambouillet, qui peut être considéré comme représentant le plus haut degré de perfectionnement auquel les laines françaises soient parvenues pour la quantité comme pour la qualité. Si nous arrivions à montrer que le poids des toisons de mérinos précoces n'est pas inférieur à

(1) Voy. André Sanson, *Les moutons, histoire naturelle et zootechnie*, Paris, 1868, p. 75.

celui des toisons de Rambouillet, et que leur valeur, à poids égal, n'est point inférieure non plus, nous pourrions nous en contenter. Ce serait une confirmation financière de la vérité de nos appréciations scientifiques comparatives.

Mais si les faits nous conduisent à constater la supériorité de la nouvelle variété, il ne sera pas possible de nier que la précocité du développement ait, chez les mérinos, perfectionné la production de la laine comme elle a incontestablement amélioré celle de la viande.

Laissons aux Allemands, si bon leur semble, la satisfaction d'exercer, selon le conseil de Settegast, leur génie à perfectionner ce qu'ils appellent la noblesse de la laine. Pour nous, le perfectionnement ne doit pas avoir d'autre but, en ce qui concerne les moutons, que celui d'accroître le revenu des troupeaux.

La brebis n° 189, du troupeau de Rambouillet, qui nous a fourni notre échantillon n° 22, pesait 97 kilog. poids vif. Sa toison a pesé 4k.850.

Voyons quels sont les poids des toisons de brebis précoces sur lesquelles nous avons des renseignements précis.

Chez M. Noblet, où la variété, en raison de la qualité du sol, atteint les poids les moins élevés, le poids moyen des toisons de mères et d'aguelles réunies n'a été, en 1872, que de 4 kilog. Les bêtes avaient été tondues de très-bonne heure, comme on l'a vu.

Chez M. Lefèvre, le poids moyen habituel est de 5k.500 En 1872, il n'a été que de 4k.800, c'est-à-dire 50 grammes seulement de moins que celui de la toison de Rambouillet, pour des bêtes d'un poids vif beaucoup moins élevé.

Chez M. Delamarre, la toison des brebis mères pèse 5 kilog. pour 65 kilog. de poids vif seulement.

Chez M. Roger, le poids moyen des toisons de ces mêmes brebis est de 6 kilog.

Chez M. Japiot, la brebis qui a fourni notre échantillon pesait 70 kilog.; sa toison, 6 kilog.

Chez M. Paul Bataille, poids moyen des brebis, 69k.700; toison, 6 kilog.

Chez M. Duclert, poids des brebis, 70 kilog.; toison, 6k.184.

Chez M. Conseil-Lamy, brebis 65 kilog.; toison, 6 kilog.

Chez M. Hutin, brebis 65 kilog.; toison, 6 kilog.

Il est évident, par là, que la toison des mérinos précoces comparables à ceux de Rambouillet, en raison de leur poids vif, est plus lourde toujours que celle de ces derniers, puisqu'elle pèse, en moyenne, 6 kilog., tandis qu'à Rambouillet la moyenne ne dépasse pas 5 kilog.

Il nous reste à voir maintenant si ces laines de mérinos précoce ont perdu ou gagné quant à leur valeur intrinsèque.

En 1872, M. Noblet a vendu les siennes en bloc 2 fr. 30 le kilog. Les laines du troupeau de M. Noblet ne diffèrent pas sensiblement des laines communes de mérinos, ni par la finesse ni par la longueur du brin. Le prix qu'il en a obtenu est, en effet, celui du cours moyen de l'année, tel que le donnent les mercuriales et tel que nous l'avons constaté dans plusieurs fermes de la Beauce et de la Brie. Ce cours n'a pas dépassé 2 fr. 40 pour les laines en suint.

Au moment où il répondait à la demande de renseignements à lui adressée, les acheteurs offraient à M. Roger 2 fr. 70 par kilog. sans distinction, soit 0 fr. 40 au-dessus du cours.

M. Lefèvre a vendu 2 fr. 65 les laines mères et 3 fr. 50 les laines d'agneau; soit 0 fr. 35 pour les laines mères et 0 fr. 50 pour les laines d'agneau, au-dessus du cours.

M. Delamarre a vendu 2 fr. 80 les unes et 3 fr. 30 les autres; donc, 0 fr. 50 et 0 fr. 30 de plus-value.

En Bourgogne, où c'est la coutume de laver les moutons à dos, M. Japiot a vendu ses laines à raison de 5 fr. 50 le kilog. Le cours était à 4 fr.

En 1874, le cours étant à 2 fr. 40 le kilog., M. Duclert a

vendu 2 fr. 75, ou avec 0 fr. 35 de plus-value; M. Conseil, 2 fr. 50 avec 0 fr. 10 seulement.

En somme, on voit que, dans la plupart des cas, si ce n'est toujours, le kilogramme de laine de mérinos précoce se vend plus cher que le kilogramme de laine de mérinos commun. Comme producteur de laine, le mérinos précoce a donc le double avantage d'une toison et plus lourde et plus estimée par les acheteurs.

Le motif de la faveur accordée à sa toison n'est pas difficile à trouver. Settegast l'a parfaitement expliqué dans l'un des passages que nous avons empruntés à son Rapport sur les laines françaises. C'est qu'il s'est « créé des débouchés avantageux par suite de la demande toujours croissante pour les laines de peigne, » parce que « le goût du public, se dessinant de plus en plus en faveur des étoffes façonnées, au détriment des étoffes foulées et feutrées, rend la consommation de ces laines de plus en plus active. » Or les mérinos précoces sont incontestablement, d'après les résultats de nos recherches, les meilleurs producteurs de ces laines de peigne propres à la fabrication des étoffes façonnées.

Il est clair, d'après ce qui précède, que les producteurs de ces mérinos n'ont rien à redouter de la concurrence des laines coloniales, que les partisans de la doctrine protectionniste d'un côté, et les partisans absolus des moutons anglais de l'autre, leur ont tant de fois présentée comme un épouvantail. Ils ont pu hésiter, il y a une trentaine d'années, et quelques-uns d'entre eux, se laissant entraîner par la propagande administrative, qui se faisait alors très-activement par une voix autorisée, ont livré leurs brebis aux béliers anglais. Mais à mesure que les résultats de l'expérience se sont fait jour, à mesure surtout que l'enseignement de la méthode à l'aide de laquelle se réalise la précocité du développement s'est propagé, leur nombre est devenu de plus en plus rare. En même temps, les troupeaux de mérinos précoces se sont multipliés. Le mouvement d'amélioration en ce sens s'est surtout accentué dans le Soissonnais, où l'on ne rencontre plus à l'heure présente qu'exceptionnellement des mérinos plissés, dont les possesseurs font des efforts constants pour les éliminer par une attentive sélection, leur idéal étant aujourd'hui bien déterminé.

Alors que l'Allemagne en est encore, comme nous l'avons vu en commençant, à considérer l'exploitation des mérinos comme une nécessité imposée par la mauvaise qualité de ses terres sablonneuses, sans espoir de lutter avantageusement, sur le marché universel, contre la concurrence des laines du nouveau monde, cette exploitation se développe chez nous et devient de plus en plus prospère dans les régions où la culture intensive a atteint son plus haut degré, dans la région où les labours profonds ont pris naissance, dans la région des sucreries, où la production de la viande et celle de la laine atteignent leur maximum de valeur.

En vérité, dans de telles conditions, le problème de la concurrence des laines étrangères se trouve bien simplifié. En exploitant les mérinos précoces il se fabrique, dans l'unité de temps, la même quantité de viande comestible, par les mêmes procédés, que s'il s'agissait des moutons anglais quelconques, southdowns ou leicesters par exemple. En même temps il se produit des toisons plus lourdes que celles des moutons australiens, du Cap ou de la Plata, et dont le prix au kilogramme est plus élevé sur le marché.. Lorsque nous visitions avec nos élèves, en juin 1874, la belle usine de MM. Villeminot et comp., à Reims, on n'y travaillait, pour le tissage des étoffes dites mérinos, que des laines coloniales et point du tout de laines françaises. Nous en demandâmes la raison. Il nous fut répondu *qu'au cours actuel ces laines étaient trop chères*. Preuve incontestable que la concurrence étrangère ne fait point baisser les cours, ainsi, du reste, qu'il est facile de le constater en consultant les mercuriales des enchères anglaises. Fût-il donc vrai, conformément à la phrase tant répétée, que les laines coloniales sont produites dans des conditions de bon marché excessif, cela ne suffirait point pour qu'elles eussent présentement une influence sur le cours des laines françaises.

Mais, en admettant que le prix de ces dernières fût, au contraire, réglé par le cours des laines coloniales, on comprendra sans peine, d'après ce qui vient d'être établi, et contrairement à l'affirmation irréfléchie des protectionnistes, que la situation des producteurs français est bien autrement avantageuse que celle des producteurs exotiques, indépendamment même de la différence de distance et des moindres frais de transport de la marchandise sur le marché. En effet, il n'est pas difficile de montrer que les mérinos précoces, en leur qualité de *producteurs de viande*, rémunèrent l'industrie de leur exploitant, tandis que les mérinos coloniaux sont considérés comme nuls à cet égard ; ils la rémunèrent en tout cas dans les mêmes proportions que tous les autres producteurs de viande qu'on leur a opposés en France et en Allemagne. Ils ont donc de plus à leur actif le surcroît de valeur de leur toison, que les chercheurs de prix de revient ne pourront pas contester être, dans de telles conditions, égal à zéro.

Iront-ils jusqu'à prétendre qu'il en puisse être de même pour les toisons des mérinos qui paissent dans les vastes solitudes de l'Australie ou du nouveau monde ? Si bas qu'ils comptent les frais de production de ces dernières, évidemment il ne serait pas sérieux d'aller jusque-là. Dût-on tenir pour gratuits les aliments consommés, il faudrait encore faire entrer en compte les frais généraux d'exploitation des troupeaux.

VII. — Conclusions.

Les faits importants exposés et discutés dans le présent mémoire, comme résultant de nos recherches, autorisent à formuler les propositions suivantes, qui en découlent rigoureusement :

1° Le développement précoce des moutons mérinos

n'exerce aucune influence sur la finesse du brin de leur laine. Celui-ci, quelle que soit la rapidité de l'achèvement du squelette, quel que soit le développement corrélatif de l'aptitude à la production de la viande, conserve le diamètre qu'il aurait eu dans tous les cas, parce que ce diamètre dépend d'un attribut purement individuel et héréditaire, des dimensions même du follicule pileux.

2° L'influence exercée par la précocité du développement sur le brin de laine se traduit par une augmentation de la longueur de ce même brin. La croissance résultant de la formation des cellules épidermiques dans le bulbe pileux est plus active. Il y a, pour le même temps, plus de substance laineuse produite.

3° Le développement précoce ne paraît avoir aucune influence sur le nombre des courbes de frisure qui existent dans l'étendue du brin pour une longueur déterminée. Son effet est nul sur la forme de ces courbes, qui, de même que le diamètre du brin, dépend de l'aptitude individuelle également héréditaire.

4° La précocité du développement ne fait point varier le nombre des follicules pileux ou laineux existant pour une étendue déterminée de la superficie de la peau. Elle ne change rien, par conséquent, à ce qu'on appelle vulgairement le tassé de la toison. Les modifications que semble avoir subies à cet égard la mèche de laine ne sont qu'apparentes. En augmentant la longueur des brins, la précocité augmente nécessairement celle des mèches qu'ils forment, ce qui fait paraître la toison moins *fermée*.

5° La qualité et la quantité du suint ne sont point modifiées par la précocité du développement. Elles restent ce qu'elles auraient été si l'animal s'était développé normalement, ainsi que le prouvent les différences constatées entre des sujets également précoces. Cela démontre encore que la qualité et la quantité du suint dépendent d'une aptitude individuelle, susceptible d'être modifiée seulement par l'hérédité.

6° La précocité du développement augmente le poids total de la toison.

Cette proposition était impliquée dans les précédentes, qui l'expliquent. En effet, du moment que ni le diamètre ni le nombre des brins ne diminuent et que leur longueur augmente, il y a nécessairement augmentation de substance, la qualité et la quantité relative du suint restant les mêmes.

7° La valeur des toisons de mérinos précoces est augmentée, par rapport à celle des toisons de mérinos communs, non-seulement en raison de leur plus fort poids, mais encore en raison de la plus-value constante qui appartient aux laines au prorata de leur longueur, à finesse égale.

8° Loin donc d'avoir diminué l'importance des mérinos comme producteurs de laine, en leur faisant acquérir l'aptitude au développement précoce, qui a eu pour effet de les transformer en excellents producteurs de viande, il se trouve qu'on a, au contraire, en même temps augmenté cette importance, et que dans les nouvelles conditions économiques comme dans les anciennes, les mérinos ont conservé le premier rang qui leur appartenait parmi les moutons.

De ces huit propositions absolument incontestables, découlent des conséquences pratiques qu'il nous faut maintenant dégager.

Il est évident, d'abord, que les mérinos précoces demeurent soumis, quant au perfectionnement de leurs toisons, aux méthodes zootechniques générales. Ce perfectionnement ne pouvant s'effectuer que par la mise en jeu des lois de l'hérédité, c'est à la *sélection* qu'il y a lieu de recourir pour le réaliser. La gymnastique fonctionnelle serait impuissante pour modifier les propriétés de la laine.

A cet égard, les troupeaux de mérinos précoces doivent être conduits absolument comme les autres ; c'est-à-dire que les reproducteurs seront choisis en raison des qualités de leur laine aussi bien qu'en raison des beautés de leur conformation. C'est ainsi que procèdent les éleveurs distingués dont les troupeaux produisent les laines en même temps si fines et si longues étudiées dans ce mémoire, et qui rivalisent pour la finesse avec les plus fines des laines coloniales et des laines de la Silésie ou de la Saxe. Ils se sont proposé à la fois d'améliorer sans cesse les toisons par l'hérédité, la conformation et l'aptitude au développement précoce par celle-ci et par le régime alimentaire. Personne, après les faits que nous avons exposés, ne pourra douter justement qu'ils y aient réussi.

Ces faits montrent aussi que la théorie de ce développement précoce, à laquelle un précédent mémoire a été consacré, n'est pas restée dans le domaine de la science abstraite. Les mérites économiques des mérinos précoces sont confirmés depuis plusieurs années dans la grande pratique, et ils sont reconnus par tous les éleveurs éclairés qui ont eu l'occasion de les observer.

Plus ces mérites sont incontestables, plus nous avons le devoir de prémunir contre l'enthousiasme irréfléchi qu'ils pourraient exciter. Trop d'exemples de cette sorte d'enthousiasme nous ont été donnés dans notre pays, à l'égard des variétés animales de l'Angleterre, notamment. Il doit intervenir en ces choses un ordre de considérations qui ne sont jamais négligées sans péril et sur lesquelles je reviens sans cesse, pour mon compte, dans l'enseignement dont je suis chargé.

Chaque race a son aire géographique naturelle, ou, en d'autres termes, ses conditions climatériques normales, en dehors desquelles elle ne peut prospérer ni même subsister. La race des mérinos, en particulier, n'a jamais pu, quelques efforts qu'on ait faits, s'acclimater en France au delà de certaines limites, qui lui ont assigné les régions qu'elle y occupe aujourd'hui. Nous avons déterminé ailleurs les raisons physiologiques de ce fait ; ce ne serait pas le lieu d'y revenir (1).

(1) Voy. *Traité de zootechnie*, t. III, p. 365 et suiv. *Les moutons*, loc. cit., p. 52 ; et *Conférence sur les conditions physiologiques de l'acclimatement des animaux*, dans *Bullet. de la Soc. zool. d'acclim.*, 1872.

Il suffit de noter ici que l'entretien et la reproduction des mérinos précoces ne sont pratiquement possibles nulle part en dehors de ces régions, dont il vient d'être parlé. On ne peut donc point songer à les introduire en un lieu quelconque, en s'éprenant de leurs mérites absolus. Ce serait se préparer sûrement des mécomptes comme ceux dont les animaux anglais ont été si souvent l'occasion.

La portée pratique de nos conclusions se borne à ceci, que la nouvelle variété peut et doit être avantageusement substituée, par voie de sélection zootechnique, aux anciens mérinos, dans toutes les exploitations agricoles cultivées de telle sorte qu'elles assurent au troupeau, pour le régime d'hiver surtout, en quantité suffisante les rations de précocité qui lui sont nécessaires pour conserver l'aptitude à laquelle sont dus ses mérites. En l'absence de ces rations, l'entreprise serait tout à fait vaine.

Il est prouvé qu'avec une nourriture parcimonieuse les animaux doués de la précocité s'entretiennent moins bien que les autres. A cet égard, les mérinos ne font point exception, non plus qu'au sujet des influences climatériques. La faveur que leur assurait la toison incomparable qu'ils portent leur a fait conquérir, dans la première moitié de ce siècle, tous les territoires sur lesquels il leur a été possible de se maintenir. Si, à mesure que se développera le progrès agricole sur ces territoires, la nouvelle variété s'y répand de façon à les envahir de proche en proche, le résultat sera suffisant pour que les plus difficiles puissent s'en montrer satisfaits. En prenant pour base les résultats positifs et précis du compte financier comparatif, il ne saurait à cet égard rester de doute dans aucun esprit impartial.

Il n'en resterait pas davantage, s'il s'agissait de comparer, au seul point de vue du rendement en viande, les mérinos précoces avec les moutons anglais des races introduites en France, ou avec les métis qu'on y a formés par le croisement de ces races avec les nôtres. Mais il n'y avait pas lieu, en vérité, d'insister par une telle comparaison, tellement la conclusion est évidente d'après les faits connus. Aussi toutes les tentatives ont-elles été vaines, depuis trente ans, pour substituer ces races ou leurs métis aux mérinos, dans les régions que ceux-ci occupent depuis leur introduction en France. Le premier enthousiasme, suscité par la baisse subite du prix des laines, lors de l'arrivée, en grande masse, des laines coloniales sur le marché européen, une fois passé, les troupeaux de dishley-mérinos et ceux des new-kent berrichons, dits de la Charmoise, sont allés toujours diminuant.

En ce qui concerne le pur southdown, dont on cherche, par des généralités aussi peu fondées que tranchantes, publiées dans les journaux d'agriculture, à propager la race en Brie notamment, où se trouvent déjà des troupeaux de mérinos précoces des plus remarquables, il est à peine besoin de s'y arrêter. Des nombres de rendement ont été produits récemment. Si peu exacts qu'ils soient, en raison des fictions de comptabilité qu'on y a fait intervenir, selon la coutume, il suffira de les mettre en regard avec ceux contenus dans le présent mémoire, pour s'apercevoir que le mérinos précoce n'a rien à redouter, dans sa propre région, de la concurrence du southdown, si ce n'est de la part des agriculteurs qui ne savent pas compter ou qui, dans leurs opérations, s'inspirent à des sources autres que celle des considérations économiques.

La race du southdown a sa place en diverses localités de notre pays, ainsi que celle du shropshiredown, autre variété du même type à laquelle une certaine vogue paraît s'attacher depuis quelques années. Je n'en veux certes point médire. Les deux fournissent des moutons excellents, en leur qualité de producteurs économiques de viande. Mais cette place n'est assurément pas là où les mérinos peuvent s'établir et prospérer, surtout là où ils existent et prospèrent depuis longtemps, là où des éleveurs habiles leur ont fait acquérir le degré de précocité que nous avons vu et qu'aucune race anglaise n'a encore surpassé.

Il n'est donc pas plus sage de songer à faire supplanter le mérinos par le southdown, qu'il ne le serait de viser à faire sortir le mérinos de son aire climatérique naturelle. Bornons-nous, par conséquent, à la lui faire occuper complétement, avec les mérites que lui assure la précocité.

EXTRAIT DES MÉMOIRES DE LA SOCIÉTÉ CENTRALE D'AGRICULTURE DE FRANCE. — ANNÉE 1875.

Paris — Imprimerie de madame veuve Bouchard-Huzard, rue de l'Eperon, 5.

www.ingramcontent.com/pod-product-compliance
Ingram Content Group UK Ltd.
Pitfield, Milton Keynes, MK11 3LW, UK
UKHW022119260726
13993UKWH00003B/1121

9 782329 456997